中国－澳大利亚（重庆）职业教育
中等职业教育建筑工程施工专业系列教材

■总主编 江世永 　■执行总主编 刘钦平

砌 筑 工（第2版）

主　编　刘　庆　韩业财　韩洪彬
副主编　罗尚玉　赵纯明

重庆大学出版社

内容提要

　　本书是中等职业教育建筑工程施工专业系列教材之一。全书共8章，主要包括砖砌体施工的准备工作、砖砌体的砌筑方法、砖石基础的砌筑、砖墙和砖柱的砌筑、石材砌体的砌筑、砌块墙的砌筑、填充墙砌体的砌筑、砌筑工程的冬雨期施工等内容。

　　本书可作为中等职业学校建筑工程施工专业的教学用书，也可作为中级技术工种的教学培训用书。

图书在版编目（CIP）数据

砌筑工／刘庆，韩业财，韩洪彬主编. －－ 2 版. －－
重庆：重庆大学出版社，2021.9（2023.7 重印）
中等职业教育建筑工程施工专业系列教材
ISBN 978-7-5689-2744-4

Ⅰ.①砌… Ⅱ.①刘… ②韩… ③韩… Ⅲ.①砌筑—
中等专业学校—教材 Ⅳ.①TU754.1

中国版本图书馆 CIP 数据核字（2021）第 181454 号

中国-澳大利亚（重庆）职业教育与培训项目
中等职业教育建筑工程施工专业系列教材

砌筑工

（第 2 版）

主编　刘　庆　韩业财　韩洪彬
副主编　罗尚玉　赵纯明
策划编辑：刘颖果　范春青

责任编辑：姜　凤　　版式设计：刘颖果
责任校对：黄菊香　　责任印制：赵　晟

*

重庆大学出版社出版发行
出版人：饶帮华
社址：重庆市沙坪坝区大学城西路 21 号
邮编：401331
电话：（023）88617190　88617185（中小学）
传真：（023）88617186　88617166
网址：http://www.cqup.com.cn
邮箱：fxk@ cqup.com.cn（营销中心）
全国新华书店经销
重庆市正前方彩色印刷有限公司印刷

*

开本：787mm×1092mm　1/16　印张：10.75　字数：277 千
2008 年 4 月第 1 版　2021 年 9 月第 2 版　2023 年 7 月第 11 次印刷
印数：11 536—14 535
ISBN 978-7-5689-2744-4　定价：30.00 元

序　言

　　建筑业是我国国民经济的支柱产业之一。随着全国城市化建设进程的加快,基础设施建设急需大量的具备中、初级专业技能的建设者。这对于中等职业教育的建筑专业发展提出了新的挑战,同时也提供了新的机遇。根据《国务院关于大力推进职业教育改革与发展的决定》和教育部《关于〈2004—2007 年职业教育教材开发编写计划〉的通知》的要求,我们编写了本系列教材。

　　中等职业教育建筑工程施工专业毕业生就业的单位主要面向施工企业。从就业岗位看,以建筑施工一线管理和操作岗位为主,在管理岗位中施工员人数居多;在操作岗位中钢筋工、砌筑工需求量大。为此,本系列教材将培养目标定位为:培养与我国社会主义现代化建设要求相适应,具有综合职业能力,能从事工业与民用建筑的钢筋工、砌筑工等其中一种的施工操作,进而能胜任施工员管理岗位的中级技术人才。

　　本系列教材编写的指导思想是:坚持以社会就业和行业需求为导向,适应我国建筑行业对人才培养的需求;适合目前中等职业教育教学的需要和中职学生的学习特点;着力培养学生的动手和实践能力。本系列教材秉持"需求为导向,能力为本位"的职教理念,以工作岗位为根本,能力培养为主线,紧扣行业岗位能力标准要求,科学构建教材结构;注重"实用为准,够用为度"的原则,摒弃繁杂、深奥、难教难学之处,精简提炼教材内容;遵循"与时俱进,适时更新"的原则,紧跟建筑行业发展动态,根据行业涌现的新材料、新技术、新工艺、新方法适时更新教材内容,充分体现现代职业教育特色与教材育人功能。

　　本系列教材编写具有以下特点:

　　1.知识浅显易懂,精简理论阐述,突出操作技能。突出操作技能和工序要求,重在技能操作培训,将技能进行分解、细化,使学生在短时间内能掌握基本的操作要领,达到"短、平、快"的学习效果。

　　2.采用"动中学""学中做"的互动教学方法。系列教材融入了对教师教学方法的建议和指导,教师可根据不同资源条件选择使用适宜的教学方法,组织丰富多彩的"以学生为中心"的课堂教学活动,提高学生的参与程度,坚持培养学生能力为本,让学生在各种动手、动口、动脑的活动中,轻松愉快地学习,接受知识,获得技能。

　　3.表现形式新颖,内容活泼多样。教材辅以丰富的图标、图片和图表。图标起引导作用,图片和图表作为知识的有机组成部分,代替了大篇幅的文字叙述,使内容表达直观、生动形象,能吸引学习者兴趣。教师讲解和学生阅读两部分内容,分别采用不同的字体以示区别,让师生一目了然、清晰明白。

4.教学手段丰富,资源利用充分。根据不同的教学科目和教学内容,教材中采用了如录像、幻灯片、实物、挂图、试验操作、现场参观、实习实作等丰富的教学手段,有利于充实教学方法,提高教学质量。

5.注重教学评估和学习鉴定。每章结束后,均有对教师教学质量的评估、对学生学习效果的鉴定方法。通过评估、鉴定,师生可得到及时的信息反馈,以不断地总结经验,提高学生学习的积极性,改进教学方法,提高教学质量。

本系列教材可以供中等职业教育建筑工程施工专业学生使用,也可以作为建筑从业人员的参考用书。

在本系列教材编写过程中,得到了重庆市教育委员会、中国人民解放军陆军勤务学院、重庆市教育科学研究院和重庆市建设岗位培训中心的指导和帮助。同时,本系列教材从立项论证到编写还得到了澳大利亚职业教育专家的指导和支持,在此表示衷心的感谢!

江世永

前　言（第2版）

　　"砌筑工"是建筑工程施工专业的一门操作性课程。其目的是培养从事建筑工程施工的砌筑工人和技能技术型人才,使学生了解各种砌筑材料和砌体的构造与组成,掌握各种砌体的砌筑方法、质量要求和安全常识。

　　本书是依据中等职业教育土木水利类建筑工程施工专业教学标准(040100)和现行国家标准及行业发展的新要求,借鉴澳大利亚的教材优点,并结合我国新型建筑工业化的发展与职业教育特点编写而成的。

　　本书共8章,遵循"适用为准,够用为度,终身学习"的原则,在第1版的基础上结合现行国家标准,删除了不常用的砌筑工艺和砌筑方法,新增了常用的砌筑材料和砌筑施工安全常识等内容。在内容上力求浅显易懂,在形式上采用较多的施工现场图片,增强直观感,着重强调动手能力和创新意识的培养,同时注重吸收行业发展的新技术、新工艺和新方法,从而对接职业标准和岗位要求。

　　本书由刘庆、韩业财、韩洪彬担任主编,罗尚玉、赵纯明担任副主编。第1—3章由韩业财、罗尚玉编写,第4—8章由刘庆、韩洪彬、赵纯明编写。全书由韩业财统稿。

　　由于编者水平有限,书中难免存在疏漏之处,恳请读者批评指正。

编　者

2021年5月

前　言（第1版）

　　"砌筑工"是工业与民用建筑专业的一门操作性课程。其目的是培养从事工业与民用建筑的砌筑工人，使学生了解各种砌体的构造与组成，掌握各种砌体的砌筑方法和砌筑要求。

　　本书是根据中国-澳大利亚（重庆）职业教育与培训项目课程设计和教材开发的指导性文件《建筑专业（施工员）课程框架》的核心能力标准（CPC00028A-32A-砌筑工），并结合我国现行建筑行业的国家标准、规范、职业技能鉴定规范及等级标准编写而成的。

　　本书借鉴了澳大利亚职业教育的先进理念，遵循"以能力为本位，以学生为中心，以实际需求为基础"的原则，理论以够用为度，重点突出操作技能的训练，注重实用与实效，力求文字深入浅出、通俗易懂、图文并茂。本书还安排了参观、实训、练习等多种活动，以培养学生的学习兴趣，增强其感性认识和提高实际动手能力。

　　本书共分11章，主要内容包括砖砌体施工的准备工作，砖砌体的砌筑方法，砖石基础的砌筑，砖墙和砖柱的砌筑，石材砌体的砌筑，砌块墙的砌筑，填充墙砌体的砌筑，地面砖铺砌和乱石路面铺筑，屋面瓦的铺挂，构筑物的施工，砌筑工程的季节施工。

　　本书由重庆工商学校韩洪彬担任主编，并编写第4,9,10,11章，第1,2,3章由重庆工商学校罗尚玉编写，第5,6,7,8章由巴南职教中心赵纯明编写。

　　本书配套的教学PPT、视频等多媒体资源，可联系023-88617114索取。

　　本书在编写过程中得到了重庆大学出版社的领导、编辑，以及重庆工商学校的领导和有关同志的大力支持和帮助，在此表示衷心的感谢。

　　由于编者水平有限，书中疏漏之处在所难免，恳请广大教师、读者批评指正。

编　者

2007年10月

目 录

砌筑工
QIZHU GONG

1 砖砌体施工的准备工作

本章内容简介

常用的砌筑材料

常用的砌筑工具和设备

常用的检测工具和设备

砌筑施工安全常识

本章教学目标

熟悉砌筑工具和检测工具

能正确使用砌筑工具和检测工具

了解砌筑用脚手架的构造

熟悉砌筑用脚手架的安全使用要求

熟悉砌筑施工安全常识

问题引入

在砌筑工程中,我们常用的砌筑材料、工具与设备有哪些? 要想成为一名合格的砌筑工,需认识常用的砌筑材料、工具与设备,并能熟练和安全地使用砌筑工具和设备。下面我们一起来认识常用的砌筑材料、工具与设备和安全基本常识。

1.1 常用的砌筑材料

凡是用于砌筑砌体的材料均称为砌筑材料。常用的砌筑材料有砖、砌块、石材及砌筑砂浆等。

以黏土、工业废料或其他地方资源为主要原料,以不同工艺制造,在建筑物中用于砌筑承重和非承重墙体的砖统称为砌墙砖。其分类如下:

按生产工艺分 $\begin{cases} 烧结砖:经压制焙烧制成的砖(图1.1) \\ 非烧结砖:又称蒸养(压)砖,是经常压或高压蒸汽养护 \\ \qquad 而成的砖(图1.2) \end{cases}$

按孔洞率分 $\begin{cases} 实心砖:没有孔洞率或孔洞率<15\%的砖(图1.1、图1.2) \\ 多孔砖:孔洞率\geq28\%,孔的尺寸小而数量多的砖(图1.4) \\ 空心砖:孔洞率\geq40\%,孔的尺寸大而数量少的砖(图1.5) \end{cases}$

1.1.1 普通砖

普通砖是指无孔或孔洞率小于15%的烧结普通砖和非烧结普通砖。

普通砖 $\begin{cases} 烧结普通砖:经压制焙烧制成的砖(图1.1) \\ 非烧结普通砖:又称蒸养(压)砖,是经常压或高压蒸汽养护而成的砖(图1.2) \end{cases}$

普通砖规格尺寸为240 mm×115 mm×53 mm,各部位名称如图1.3所示。其强度等级有MU30,MU25,MU20,MU15,MU10共5个等级。

1)烧结普通砖

烧结普通砖是以煤矸石、页岩、粉煤灰或黏土为主要原料,经焙烧而成的实心砖。烧结普通砖按主要原料可分为烧结煤矸石砖(M)、烧结页岩砖(Y)、烧结粉煤灰砖(F)、烧结黏土砖(N)、建筑渣土砖(Z)、淤泥砖(U)、污泥砖(W)、固体废弃物砖(G)等。

图1.1 烧结普通砖

（a）蒸压灰砂砖　　　　　　　　　　（b）蒸压粉煤灰砖

图1.2　非烧结普通砖

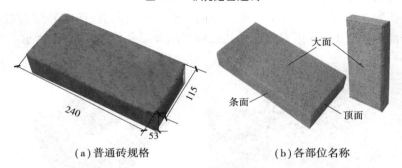

（a）普通砖规格　　　　　　　　　　（b）各部位名称

图1.3　普通砖规格及各部位名称（单位：mm）

烧结普通砖具有较高的强度，良好的绝热性、耐久性、透气性和稳定性，且原材料丰富，生产工艺简单，因此可用作墙体材料，砌筑柱、烟囱、拱、窑炉、沟道及基础等。

2）蒸养（压）普通砖

蒸养（压）普通砖属于硅酸盐制品，是以石灰和含硅原料（砂、粉煤灰、炉渣、矿渣及煤矸石）加水拌和，经成型、蒸养（压）而成。目前使用的主要有蒸压粉煤灰砖、蒸压灰砂砖和蒸压炉渣砖等，其强度等级有MU25，MU20，MU15，MU10共4个等级。蒸养（压）普通砖不得用于长期经受200 ℃及以上高温、急冷急热或有酸性介质侵蚀的建筑部位。

1.1.2　烧结多孔砖

烧结多孔砖是以煤矸石、页岩、粉煤灰或黏土等为主要原料经焙烧而成。其孔洞率不小于28%，孔多而小，主要用于结构部位。烧结多孔砖大面有孔（竖孔），孔洞垂直于大面，其空洞有圆孔和方孔，如图1.4所示。烧结多孔砖根据其规格分为M型和P型两类，M型规格尺寸为190 mm×190 mm×90 mm；P型规格尺寸为240 mm×115 mm×90 mm和200 mm×115 mm×90 mm。

烧结多孔砖根据抗压强度分为MU30，MU25，MU20，MU15，MU10 5个强度等级。

烧结多孔砖通常强度较高，可用于砌筑6层以下的承重墙，其中优等品可用于墙体装饰和清水墙砌筑，一等品和合格品可用于混水墙砌筑，中等泛霜的砖不得用于潮湿部位。

（a）圆孔多孔砖　　　　　　　　　（b）方孔多孔砖

图1.4　烧结多孔砖

1.1.3　烧结空心砖

烧结空心砖的孔洞率不小于40%,孔洞方向与受力方向垂直,砖的外形为直角六面体,在与砂浆的结合面上设有1 mm以上深度的凹线槽以增加接合力,如图1.5所示。

（a)烧结页岩空心砖　　　　　　　　　(b)烧结粉煤灰空心砖

图1.5　烧结空心砖

烧结空心砖主要有290 mm × 190 mm × 90 mm 和240 mm × 180 mm × 115 mm 两种规格。烧结空心砖根据体积密度的不同分为4个密度等级,即800级、900级、1 000级、1 100级。其各级密度等级对应的5块砖体积密度平均值为 < 800 kg/m^3,801 ~ 900 kg/m^3,901 ~ 1 000 kg/m^3,1 001 ~ 1 100 kg/m^3;否则,为不合格品。

烧结空心砖的强度等级分为 MU10,MU7.5,MU5.0,MU3.5 共4个等级。

烧结空心砖孔数少、孔径大,具有良好的保温、隔热功能,但强度不高,多用于多层建筑的内隔墙或框架结构的填充墙。

1.1.4　砌块

砌块是利用混凝土和工业废料(炉渣、粉煤灰等)或地方材料制成的砌筑用人造块材,是一种新型墙体材料,多为直角六面体。砌块主规格尺寸中的长度、宽度和高度,至少有一项应大于365,240,115 mm,但高度不大于长度或宽度的6倍,长度不超过高度的3倍,其分类见表1.1。

表 1.1 砌块分类

序号	种 类		说 明
1	按有无空洞	实心砌块	空心率 <25% 或无孔洞
		空心砌块	空心率 ≥25%
2	按空洞样式	单排方孔	
		单排圆孔	
		多排扁孔	对保温有利
3	按用途	承重砌块	
		非承重砌块	
4	按产品规格	大型砌块	高度 >980 mm
		中型砌块	高度为 380 ~ 980 mm
		小型砌块	高度为 115 ~ 380 mm
5	按生产工艺	烧结砌块	
		蒸养(压)砌块	
6	按生产材料	粉煤灰(炉渣)砌块	
		混凝土砌块	混凝土砌块可分为蒸压加气混凝土砌块、免蒸加气混凝土砌块、轻集料混凝土小型空心砌块
		石膏砌块	
		复合砌块	新型复合自保温砌块

目前常用的有普通混凝土小型空心砌块、蒸压加气混凝土砌块和粉煤灰小型空心砌块。

1)普通混凝土小型空心砌块

普通混凝土小型空心砌块是以水泥矿物掺合料、砂石、水等为原料,经搅拌、振动成型、养护等工艺制成的小型空心砌块,如图 1.6 所示。其主要规格尺寸为 390 mm × 190 mm × 190 mm,此外还有辅助规格。普通混凝土小型空心砌块主要规格、各部位名称及尺寸如图 1.7 所示。

普通混凝土小型空心砌块按抗压强度分为 MU25.0,MU20.0,MU15.0,MU10.0,MU7.5,MU5.0 共 6 个强度等级。

普通混凝土小型空心砌块作为烧结砖的替代材料,可用于承重结构和非承重结构。目前主要用于单层和多层工业与民用建筑的内墙和外墙,如果利用砌块的空心配置钢筋,可用于建造高层砌块建筑。混凝土砌块吸水少,吸水速度慢,砌筑前不用浇水,但在气候特别干燥炎热时,可在砌筑前稍喷水润湿。

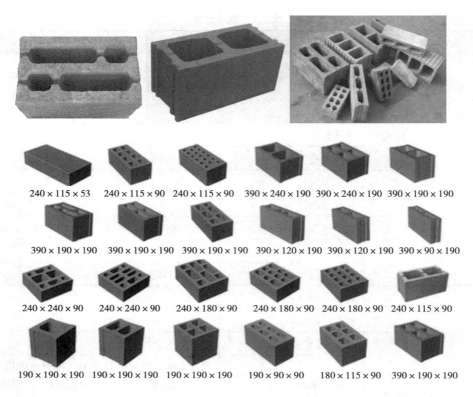

图 1.6　普通混凝土小型空心砌块(单位:mm)

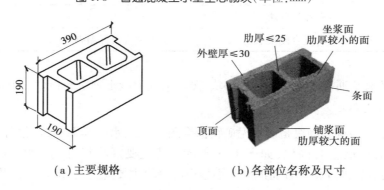

（a）主要规格　　　　　　　　　（b）各部位名称及尺寸

图 1.7　普通混凝土小型空心砌块主要规格、各部位名称及尺寸(单位:mm)

2）蒸压加气混凝土砌块

蒸压加气混凝土是以钙质材料(水泥、石灰等)和硅质材料(矿渣和粉煤灰)为主要原材料,掺加发气剂及其他调节材料,通过配料浇注、发气静停、切割、蒸压养护等工艺制成的多孔轻质硅酸盐建筑制品。蒸压加气混凝土砌块是蒸压加气混凝土中用于墙体砌筑的矩形块材,如图 1.8 所示。

蒸压加气混凝土砌块的规格尺寸见表 1.2。

表 1.2　规格尺寸　　　　　　　　　　　　　　单位:mm

长度 L	宽度 B	高度 H
600	100,120,125,150,180,200,240,250,300	200,240,250,300

蒸压加气混凝土砌块按抗压强度分为 A1.5,A2.0,A2.5,A3.5,A5.0 共 5 个等级,强度等级 A1.5 和 A2.0 适用于建筑保温;按干密度可分为 B03,B04,B05,B06,B07 共 5 个等级,干密度等级 B03 和 B04 适用于建筑保温。

蒸压加气混凝土砌块具有干密度小、保温、耐火性好、易加工、抗震性好、施工方便等特点。其缺点是耐水、耐蚀性较差,适用于低层建筑的承重墙,多层建筑的间隔墙和高层框架结构的填充墙,也可用于一般工业建筑的墙体和屋面结构。

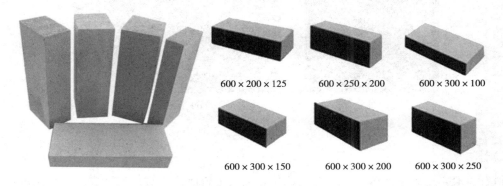

600 × 200 × 125　　　600 × 250 × 200　　　600 × 300 × 100

600 × 300 × 150　　　600 × 300 × 200　　　600 × 300 × 250

图 1.8　蒸压加气混凝土砌块(单位:mm)

3)粉煤灰小型空心砌块

粉煤灰小型空心砌块是以粉煤灰、水泥、集料、水为主要组分制成的一种砌块。粉煤灰小型空心砌块主要规格有 390 mm × 190 mm × 190 mm,按砌块孔的排数分为单排孔、双排孔和多排孔,按砌块密度分为 600,700,800,900,1 000,1 200 和 1 400 共 7 个等级,其强度等级有 MU20,MU15,MU10,MU7.5,MU5,MU3.5 共 6 个等级。

1.1.5　新型复合自保温砌块

新型复合自保温砌块由主体砌块、外保温层、保温芯料、保护层及保温连接柱销组成。主体砌块的内、外壁间以及主体砌块与外保护层间是通过"L 形、T 形点状连接肋"和"贯穿保温层的点状柱销"组合为整体的,在柱销中设置有钢丝,在确保安全的前提下,最大限度地降低冷桥效应,具有极其优异的保温性能。

1.1.6　石材

天然石材资源丰富、强度高、耐久性好、色泽自然,在建筑工程中常用作砌体材料和条石挡土墙。石材按其加工后的外形规则程度可分为毛石和料石,其强度等级有 MU100,MU90,MU80,MU70,MU60,MU50,MU40,MU30,MU20,MU10 等。

1)毛石

毛石是岩石经爆破或开采所得、未经加工而形状不规则的石块,也称乱石,一般块较大(300 mm 以上),有乱毛石和平毛石两种,如图 1.9 所示。乱毛石各个面的形状不规则,平毛石虽然形状也不规则,但大致有两个平行的面。毛石常用于填方、砌筑基础、勒脚、挡土墙及护坡,还可用来浇筑片石混凝土。

（a）乱毛石　　　　　　　　　　　（b）平毛石

图 1.9　毛石

2)料石

料石一般是由致密的砂岩、石灰岩、花岗岩以人工斩凿或机械加工而成的形状比较规则的六面体块石,可制成条石、方石及楔形的拱石等。料石按照加工平整程度可分为毛料石、粗料石和细料石。

（1）毛料石

外观大致方正,一般不加工或者稍加调整。料石的宽度和厚度不宜小于 200 mm,长度不宜大于厚度的 4 倍。叠砌面和接砌面的表面凹入深度不大于 25 mm,抗压强度不低于 30 MPa,如图 1.10 所示。

（2）粗料石

粗料石的规格尺寸同毛料石,其叠砌面和接砌面的表面凹入深度不大于 20 mm;外露面及相接周边的表面凹入深度不大于 20 mm,如图 1.11 所示。

（3）细料石

通过细加工,细料石的规格尺寸同粗料石,其叠砌面和接砌面的表面凹入深度不大于 10 mm,外露面及相接周边的表面凹入深度不大于 2 mm,如图 1.12 所示。

毛料石主要用于建筑物的基础、勒脚、墙体部位;粗料石和细料石主要用作镶面材料,也可用作墙体材料。

图 1.10　毛料石　　　　　　　　　图 1.11　粗料石

（a）半细料石　　　　　　　　　（b）细料石

图 1.12　细料石

1.1.7　砌筑砂浆

建筑砂浆是由胶凝材料、细骨料、掺合料或外加剂与水按适当比例配合、拌制并经硬化而成的材料。用于砌筑砖、石砌体、砌块的建筑砂浆称为砌筑砂浆（图 1.13）。砌筑砂浆是砌体的重要组成部分，有预拌和现场配制搅拌两种。

水泥砂浆及预拌砂浆的强度等级可分为 M30,M25,M20,M15,M10,M7.5,M5 等。根据砂浆的使用环境和强度等级指标，常用的砌筑砂浆有水泥砂浆、石灰砂浆和水泥石灰混合砂浆。工程中，可根据具体强度和使用部位要求选择适用的砂浆类型。

1）水泥砂浆

水泥砂浆由水泥、砂和水组成，适用于潮湿环境、水以及要求砂浆强度等级 ≥M5 的工程。其强度等级常用的有 M20,M15,M10,M7.5,M5 等。

2）石灰砂浆

石灰砂浆由石灰、砂和水组成，适用于地上、强度要求不高的低层或临时建筑或砌筑简易工程中。其强度等级常用的有 M10,M7.5,M5 等。

3）水泥石灰混合砂浆

水泥石灰混合砂浆由水泥、石灰、砂和水组成，简称混合砂浆，适用于砂浆强度等级 ＜M10 的砌体工程。其强度和耐久性介于水泥砂浆、石灰砂浆二者之间，强度等级常用的有 M10,

M7.5,M5 等。

图 1.13　砌筑砂浆

预拌砂浆

　　预拌砂浆是指由专业化厂家生产的,用于建设工程中的各种砂浆拌合物。按生产方式,可将预拌砂浆分为湿拌砂浆和干混砂浆两大类。

　　湿拌砂浆是指将水泥、细骨料、矿物掺合料、外加剂、添加剂和水按一定比例,在搅拌站经计量、拌制后运至使用地点,并在规定时间内使用的拌合物。湿拌砂浆按用途可分为湿拌砌筑砂浆、湿拌抹灰砂浆、湿拌地面砂浆和湿拌防水砂浆。因特种用途的砂浆黏度较大,无法采用湿拌的形式生产,因而湿拌砂浆中仅包括普通砂浆。

　　干混砂浆是将水泥、干燥骨料或粉料、添加剂以及根据性能确定的其他组分,按一定比例,在专业生产厂计量、混合而成的混合物,在使用地点按规定比例加水或配套组分拌和使用。干混砂浆按用途分为干混砌筑砂浆、干混抹灰砂浆、干混地面砂浆、干混普通防水砂浆、干混陶瓷砖黏结砂浆、干混界面砂浆、干混保温板黏结砂浆、干混保温板抹面砂浆、干混聚合物水泥防水砂浆、干混自流平砂浆、干混耐磨地坪砂浆和干混饰面砂浆。干混砂浆既有普通干混砂浆又有特种干混砂浆。普通干混砂浆主要用于砌筑、抹灰、地面及普通防水工程,而特种干混砂浆是指具有特种性能要求的砂浆。

活动建议

到施工现场或生产厂家认识常用的砌筑材料有哪些?

1.2 常用的砌筑工具和设备

1.2.1 常用砌筑工具的种类和名称

1）瓦刀

瓦刀又称为砖刀,分单面砖刀和双面砖刀,用于摊铺砂浆、砍削砖块和打灰条,属个人使用和保管的工具,如图 1.14 所示。

2）大铲

大铲是用于铲灰、铺灰和刮浆的工具,也可用它调和砂浆。大铲以桃形者居多,也有三角形和长方形,它是实施"三一"(一铲灰、一块砖、一揉挤)砌筑法的关键工具,北方地区使用较多,如图 1.15 所示。

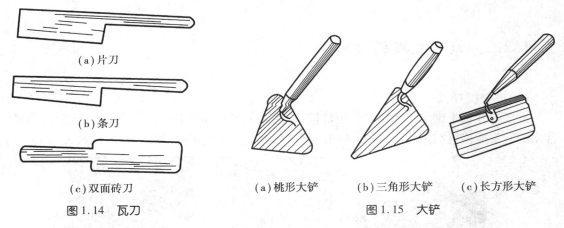

(a)片刀

(b)条刀

(c)双面砖刀

图 1.14　瓦刀

(a)桃形大铲　　(b)三角形大铲　　(c)长方形大铲

图 1.15　大铲

3）刨锛

刨锛是用于砍砖块的工具,也可当作小锤,与大铲配合使用,如图 1.16 所示。

4）摊灰尺

摊灰尺用不易变形的木材制成,操作时放在墙上作为控制灰缝及铺砂浆用,如图 1.17 所示。

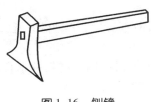

图 1.16　刨锛

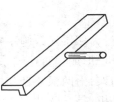

图 1.17　摊灰尺

5）溜子

溜子又称为灰匙、勾缝刀,一般以ϕ8 钢筋打扁制成并装上木柄,通常用于清水墙的勾缝。用0.5 ~ 1 mm 薄钢板制成的较宽溜子,则用于毛石墙的勾缝,如图1.18 所示。

6）抿子

抿子是用0.8 ~ 1 mm 的钢板制作,并铆上执手,安装木柄而成,可用于石墙抹缝、勾缝,如图1.19 所示。

7）灰板

灰板又称为托灰板,用不易变形的木材制成,在勾缝时用它承托砂浆,如图1.20 所示。

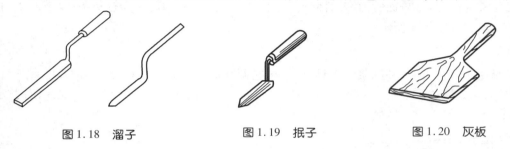

图1.18　溜子　　　　　图1.19　抿子　　　　　图1.20　灰板

1.2.2　常用机具和设备

1）常用机具

（1）砂浆搅拌机

砂浆搅拌机是砌筑工程中的常用机械,可用来制备砌筑和抹灰用的砂浆。目前施工现场常用的砂浆搅拌机有倾翻出料式、活门出料式和立式搅拌机3 种,如图1.21 所示。

（a）倾翻出料式　　　　　（b）活门出料式　　　　　（c）立式搅拌机

图1.21　砂浆搅拌机

（2）垂直运输设备

①井架:为多层建筑施工常用的垂直运输设备。一般用型钢支设,并配制吊篮(或料斗)、天梁、卷扬机,形成垂直运输系统。

②龙门架:由两根立杆和横梁构成。立杆由型钢组成,配上吊篮用于材料的垂直运输。

③卷扬机:是升降井架和龙门架上吊篮的动力装置。

④附壁式升降机(施工电梯):又称为附墙外用电梯,由垂直井架和导轨式外用笼式电梯

组成,用于高层建筑的施工。该设备除运载工具和物料外,还可乘人上下,架设安装比较方便,操作简单,使用安全。

⑤塔式起重机:俗称塔吊,有固定式和行走式两种。塔吊必须由经过专职培训合格的专业人员操作,并需专门人员指挥吊装,其他人员不得随意乱动或胡乱指挥。

2)设备

(1)筛子

筛子主要用于筛砂。筛孔直径有4,6,8 mm等几种,如图1.22所示。勾缝需用细砂时,可利用铁窗纱钉在小木框上制成小筛子。

(2)砖夹

砖夹一般是施工单位自制的夹砖工具,可用φ16钢筋制造。一次可以夹起4块标准砖,用于装卸砖块。砖夹形状如图1.23所示。

图 1.22　筛子

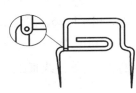

图 1.23　砖夹

(3)砖笼

砖笼是采用塔吊施工时吊运砖块的工具,如图1.24所示。施工时,在地板上先放好一定数量的砖,然后套上砖笼并固定,最后起吊到指定地点,如此周转使用。

(4)灰槽、灰桶

灰槽用厚度为1~2 mm的黑铁皮制成,供砖瓦工存放砂浆用。灰桶可采用铁皮制作或塑料、轮胎皮制作。灰槽、灰桶形状如图1.25所示。

图 1.24　砖笼

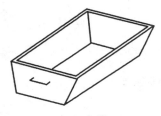

(a)灰槽

(b)灰桶

图 1.25　灰槽与灰桶

(5)其他

其他如橡皮水管(内径25 mm)、大水桶、灰镐、灰勺、铁锹、钢丝刷及扫帚等。

活动建议

组织学生到施工现场参观砌筑用的施工机具和设备,并了解它们的使用和维护。

1.3 常用检测工具的名称及使用

1)钢卷尺

钢卷尺有 1,3,30,50 m 等几种规格。钢卷尺主要用来量测轴线尺寸、墙长、墙厚以及门窗洞口的尺寸、留洞位置尺寸等。

2)托线板

托线板又称为靠尺板,用于检查墙面垂直度和平整度。用厚 20 mm 的木材自制,长 1.2 ~ 2 m,宽 100 mm,也有用铝制的,如图 1.26 所示。

3)线锤

线锤是用来吊挂垂直度的,一般与托线板配合使用,如图 1.26 所示。

4)鱼尾尺

鱼尾尺同靠尺,是用于检查墙面垂直度和平整度的工具,一般是木制的,如图 1.27 所示。

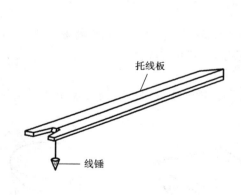

图 1.26 托线板及线锤

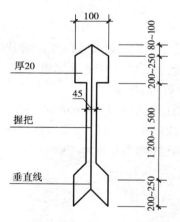

图 1.27 鱼尾尺(单位:mm)

5)塞尺

塞尺与托线板配合使用,用以测定墙、柱的垂直度和平整度的偏差。塞尺上每一格表示厚度方向 1 mm,如图 1.28 所示。托线板产生一定缝隙,用塞尺轻轻塞进缝隙,塞进几格就表示墙面或柱面偏差的数值。

6)水平尺

水平尺由铁和铝合金制成,中间镶嵌玻璃水准管,用于检查砌体对水平位置的偏差,如图

1.29 所示。

图 1.28　塞尺

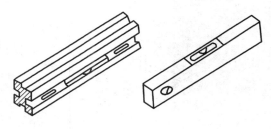

图 1.29　水平尺

7）准线

准线是砌墙时拉的细线，一般为直径 0.5 ~ 1 mm 的小白线、麻线、尼龙线或弦线。准线用于砌体砌筑时的水平控制，也可用来检查水平灰缝的平直度。

8）百格网

百格网是用于检查砌体水平灰缝砂浆饱满度的工具。常用铁丝编制锡焊而成，也有在有机玻璃上划格而成的，其规格为 1 块标准砖的大面尺寸。将其长度方向、宽度方向各分成 10 格，从而形成 100 个小格，故称百格网，如图 1.30 所示。

9）方尺

方尺是用木材或金属制成边长为 200 mm 的直角尺，有阴角和阳角两种，分别用于检查砌体转角的方正程度。方尺形状如图 1.31 所示。

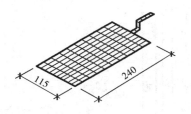

图 1.30　百格网（单位：mm）

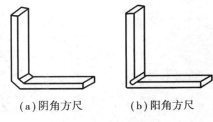

（a）阴角方尺　　　（b）阳角方尺

图 1.31　方尺

10）龙门板

建筑物施工放线时，在房屋四周，离外墙基槽边缘 1 m 左右埋设木桩，称为龙门桩。在龙门桩上钉设木板，即为龙门板，如图 1.32 所示。龙门板是控制建筑物各轴线位置和地坪标高的标志。一般要求板顶面的高程即为建筑物相对标高 ±0.000，而在板上画出轴线位置，以画"中"字示意，板顶面还要钉 1 根 20 ~ 25 mm 长的钉子。当在两个相对的龙门板之间拉上准线时，则该线就表示为建筑物的轴线。有的在"中"字两侧，还分别画出墙身宽度位置和大放脚底宽度位置线，以便于操作时检查核对。施工中严禁碰撞和脚踏龙门板，也不允许坐人。建筑物基础施工完毕后，将轴线标高等标志引测到基础上后，方可拆除龙门板。

11）皮数杆

皮数杆是砌筑砌体时控制灰缝的厚度以及门窗洞口、过梁、圈梁、楼板等标高的量具。皮数杆分为基础用和地上用两种。

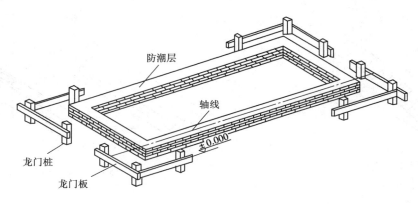

图 1.32　龙门板

基础用皮数杆又称为小皮数杆,一般使用 30 mm × 30 mm 的小木杆,由现场施工员绘制。在进行条形基础施工时,一般先在要立皮数杆的地方预埋一根小木桩,砌筑基础时,将皮数杆固定在小木桩上,杆顶应高出防潮层。皮数杆上的砖层还应按顺序编号,直到防潮层的底部标高处。砖层必须是整皮数。如果条形基础垫层表面不平,可以在砌砖前用细石混凝土找平。

±0.000 以上的皮数杆,也称为大皮数杆。皮数杆的位置要根据房屋大小和平面复杂程度而定,一般要求在转角处和施工段分界处设立皮数杆。当为一道通长的墙身时,皮数杆的间距要求不大于 20 m。如果房屋结构比较复杂,皮数杆应编号,并对号入座。皮数杆的画法如图1.33所示。

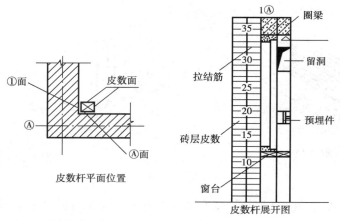

图 1.33　皮数杆

到施工现场观看砌筑工具和检测工具,区分哪些工具是砌筑工具? 哪些工具是检测工具? 应如何使用?

1.4 砌筑脚手架

当砌体砌筑到 1.2 m 高时就要求搭设脚手架。脚手架的主要作用是供人在架上进行施工操作和堆放材料,其宽度一般为 1.5~2.0 m。

脚手架按搭设位置分,可分为外脚手架和里脚手架;按构造形式分,可分为立杆式脚手架、吊挂式脚手架、悬挑式脚手架、工具式脚手架、框式脚手架等。其中,较受欢迎和较常用的是可移动的里脚手架。

1.4.1 钢管脚手架的构造

钢管脚手架由立杆、大横杆、小横杆、斜撑、抛撑、剪刀撑、底座和扣件等组成,一般采用外径 48~51 mm、壁厚 3~3.5 mm 的钢管。它具有搭拆灵活、安全度高、使用方便、周转次数多等优点,是目前采用广泛的一种脚手架。脚手架有单排和双排之分,其构造如图1.34所示。

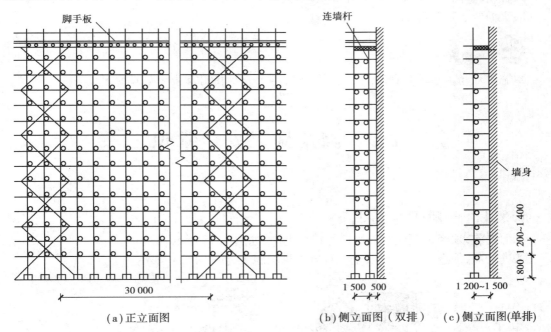

（a）正立面图　　　　　　　　　（b）侧立面图（双排）　（c）侧立面图(单排)

图 1.34　脚手架的基本构造(单位:mm)

1.4.2 砌筑脚手架的安全使用要求

①在脚手架上工作时,必须戴安全帽,穿软底鞋,不得穿硬底鞋和皮鞋。

②脚手板应满铺并铺稳,不得出现空头板和叠头板。

③在砌筑前,应检查脚手架的垫块、支撑体系是否稳固可靠,脚手架绑扎是否符合要求。

对钢管扣件式脚手架,要检查扣件是否松动,在雨雪天或大雪后还要检查脚手架是否下沉。若发现问题,应及时处理。

④冬期、雨期施工时,脚手架要有防滑措施(一般钉防滑木板或垫草袋子等),施工前应将积雪和冰碴清扫干净。

⑤脚手板上堆放材料不得超过 300 kg,堆砖高度不得超过 3 皮侧砖,且同一块脚手板上的操作人员不应超过 2 人。

⑥工作完毕后,应将脚手板和砖墙上的碎砖清扫干净,防止掉落伤人。

⑦单排脚手架的小横杆在下列墙体或部位不得设置脚手架眼:

a. 120 mm 厚墙、清水墙、料石墙、独立柱和附墙柱;

b. 过梁上与过梁成 60°的三角形范围及过梁净跨度 1/2 的高度范围内;

c. 宽度小于 1 m 的窗间墙;

d. 门窗洞口两侧石砌体 300 mm,其他砌体 200 mm 范围内;转角处石砌体 600 mm,其他砌体 450 mm 范围内;

e. 梁或梁垫下及其左右 500 mm 范围内;

f. 设计不允许设置脚手眼的部位;

g. 轻质墙体;

h. 夹心复合墙外叶墙。

到施工现场参观墙体的砌筑过程,注意工具的正确使用及脚手架眼的留设方法和部位。

1.5 砌筑施工安全常识

1.5.1 一般安全常识

①上岗前,须经过职业技能培训并持证上岗,如图 1.35 所示。

②进场前,须进行"三级"安全教育方可进场施工,如图 1.36 所示。

图 1.35 持证上岗　　　　　　图 1.36 "三级"安全教育

③进场时,须穿戴好劳保用品,做好安全防护措施,如图1.37所示。

图1.37 穿戴好劳保用品

④操作前,应接受安全技术交底并签字,如图1.38所示。了解作业进展和作业安全隐患,符合安全要求后方可进行操作,如图1.39所示。

图1.38 接受安全技术交底

图1.39 了解作业进展和作业安全隐患

⑤操作时,不准上下抛扔材料和工具,如图1.40所示。

⑥操作中,不准嬉笑打闹,不准攀爬、踩踏砌体,如图1.41所示。

图1.40 不准上下抛扔材料和工具

图1.41 不准攀爬、踩踏砌体

⑦施工时,同一垂直方向无安全隔板和防护措施时不得交叉作业,如图1.42所示。

⑧临时用电须符合安全用电规范,操作人员须持电工证进行操作,如图1.43所示。

图1.42　同一垂直方向不得交叉作业

图1.43　施工临时用电

⑨酒后不得上岗,并遵守高处作业安全规范,如图1.44所示。

⑩不能擅自拆除作业现场的防护设施、安全标志等,如图1.45所示。

图1.44　酒后不得上岗

图1.45　不能擅自拆除防护设施

⑪不得占用、堵塞消防通道,不准损毁消防器材和设施,如图1.46所示。

⑫六级以上强风和恶劣天气不得进行高处砌筑操作,如图1.47所示。

图1.46　不准损毁消防器材和设施

图1.47　恶劣天气不得进行高处砌筑操作

⑬严禁站在墙顶上进行砌砖、勾缝、清洗墙面以及盘角、挂线与检查四大角等工作。

⑭砖墙(柱)日砌筑高度不宜超过 1.8 m,毛石日砌筑高度不宜超过 1.2 m。

⑮须工完场清,保护环境,文明施工,如图 1.48 所示。

图 1.48　工完场清

1.5.2　安全操作规程

①作业前,须检查作业环境与施工机具是否安全,道路是否畅通,脚手架及安全设施、防护用品是否齐全,合格后方可作业,如图 1.49 所示。

图 1.49　检查作业环境与施工机具是否安全

②砌筑基础时,须检查基坑土质变化,砖(砌)块材料堆放离坑边距离 1 m 以上,深基坑有挡板支撑时应设上下爬梯,操作人员上下基坑时不得踩踏砌体和支撑,作业运料时不得碰撞支撑,如图 1.50 所示。

图 1.50　砌筑砖基础前的安全隐患检查

③冬期施工时,应先清除脚手板上的冰霜、积雪后方可作业。在大风、大雨、冰冻等恶劣天气后,应先检查已砌筑好的砌体是否有垂直度变化、是否有裂缝和不均匀下沉等现象。

④用起重机吊砖要使用砖笼,起吊砂浆的料斗不能装得过满,如图 1.51 所示。吊臂回转范围内不得有人停留,吊件落到架子上时,砌筑人员应暂停操作并避到安全处。

⑤车辆运输砖、石时,两车前后距离在平道上不小于 2 m,在坡道上不小于 10 m,如图1.52所示。从砖垛上取砖时,应先取高处的,再取低处的,防止垛倒伤人,如图 1.53 所示。

图 1.51　砖吊运

图 1.52　砖、石运输距离

图 1.53　砖垛取砖

⑥砌体高度超过 1.2 m 时,须搭设脚手架操作。一层以上或高度超过 4 m 时,若采用里脚手架,则必须支搭安全网;若采用外脚手架,应设护身栏杆、挡脚板和安全网,并随施工高度上升,如图 1.54 所示。

图 1.54　搭设脚手架砌筑施工

⑦脚手架上堆放普通砖、多孔砖不得超过3层,空心砖或砌块不得超过2层,材料不得超过300 kg,同一块脚手板上的操作人员不准超过2人,如图1.54所示。

⑧不准用不稳固的工具或物体在脚手板上垫高作业,不准勉强在超过胸部的墙上砌筑,如图1.55所示。

图1.55 危险的砌筑环境

⑨砌筑使用的工具应放在稳妥的地方。砍砖时,应面向内打,把砖头斩在架子上。用锤打石时,应先检查铁锤有无破裂,锤柄是否牢固。

⑩在砌体上不宜拉缆风绳,不宜吊挂重物,不宜做其他临时设施的支撑点。

⑪已经砌筑就位的砌块墙,须立即进行竖缝灌浆。对稳定性较差的窗间墙、独立柱和挑出墙面较多的部位,应加临时支撑,以保证其稳定性。

⑫作业结束后,应将脚手板上和砌体上的碎块、灰浆清扫干净,作业环境中的碎料、落地灰、工具应集中清运,清扫时应注意防止碎块掉落,同时应做好已砌砌体的防雨措施。

知识窗

安全色与安全标志

1)安全色

安全色是表达安全信息的颜色,包括红色、蓝色、黄色、绿色4种颜色,表示禁止、警告、指令、提示等意义,如图1.56所示。在日常生活和施工现场应用安全色,可以使人们对威胁安全和健康的物体及环境作出快速反应,以减少事故的发生。安全色用途广泛,如用于安全标志牌、交通标志牌、防护栏杆及机器上不准乱动的部位等。安全色的应用必须以表示安全为目的和有规定的颜色范围。

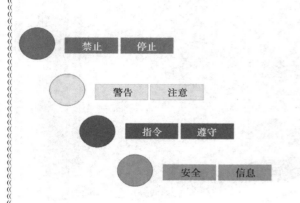

颜色	含义	用途举例
红色	禁止;停止;红色也表示防火	禁止标志;停止信号,机器、车辆上紧急停止;按钮及禁止人们触动的部位
蓝色	指令:必须遵守的规定	指令标志
黄色	警告;注意	警告标志;警戒标志等;安全帽
绿色	提供信息安全通行	提示标志;启动按钮;安全标志;安全信号旗;通行标志

图 1.56　安全色

2）安全标志

安全标志由安全色、几何图形和符号构成,在国家标准中规定了 4 大类 56 个安全标志,分别表示禁止、警告、指令和提示,如图 1.57 所示。其目的是引起人们对不安全因素、不安全环境的注意,预防事故发生。如图 1.58 所示为施工现场安全标志。

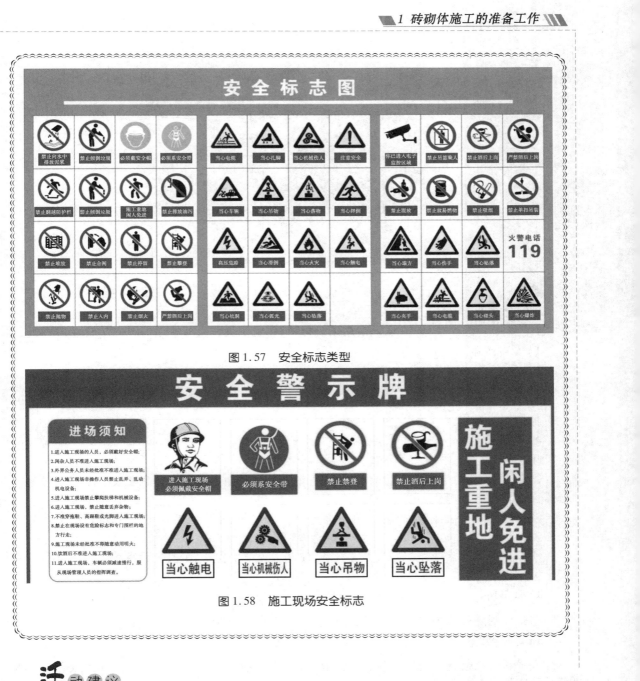

图 1.57 安全标志类型

图 1.58 施工现场安全标志

活动建议

观察图1.59,对我们有哪些启示?在砌体施工中如何提高操作人员的安全生产意识?

图 1.59　安全生产意识

认识常用砌筑材料、砌筑工具和设备

1）实训任务

认识常用砌筑材料、砌筑工具和设备。

2）实训目的

熟悉常用砌筑材料种类、砌筑工具和设备的名称与使用,培养质量意识。

3）实训要求

①分组进行,每 5 人为 1 小组,设小组长 1 名。

②每 15 人配备 1 名实训指导教师,指导教师应具有砌筑中级工及以上资格证书。每组人员需在实训指导教师统一安排下进行实训。

③不允许穿奇装异服、高跟鞋、拖鞋等进入实训场地;不准在实训场地嬉戏打闹,应戴好安全帽。

④实训期间清点并保护好工具及设备,注意实训环境安全、工具及设备的使用安全和人身安全。

4）实训场地

砌筑实训场地或砌筑施工现场,每组实训空间不少于 20 m²。

5）实训工具

大铲、瓦刀、刨锛、灰槽、灰桶、砖夹、溜子、抿子、摊灰尺、灰板、墨斗、线锤、托线板、小线、钢卷尺等常用砌筑工具,每组一套。

6）主要设备

砂浆搅拌机、脚手架、塔吊、手推车、切砖机等。

7）主要材料

普通烧结砖、多孔砖、空心砖、加气混凝土砌块、砂、水泥、砂浆等若干。

8）实训课时

2 课时。

9）实训报告

每组均需填写实训报告，并交实训指导教师批阅。

10）实训记载

由实训指导教师每次填写实训记载。

实训报告

上课时间	_____年___月___日___午(晚上)第___节至___节
小组情况	第___小组，___人，小组学生签名：
实训任务	
实训器材	实训前领用情况： 实训后交回情况：
训练要点	
安全要点	
训练步骤	
收获或体会	（学到何知识，掌握何技能）
自我评价	学习效果：A.熟练掌握(　　)　　B.掌握(　　)　　C.能完成任务(　　) 　　　　　D.有待加强训练(　　)　　E.不能完成任务(　　)
实训反思	
教师评语	

实训记载

实训前财产清理人： 　　　　　实训后财产清理人： 　　　　　实训教师：

班级	上课时间	应到人数	实到人数	缺席学生名单（未履行请假的报告班主任）
	年　月　日　午(晚上) 第　节至　节			
课前课后实训器材清理	课前清理情况： 课后清理情况：			
实训任务				
安全要点				
训练目标				
训练要点				
训练步骤				
检测要点				
教学效果	1. 纪律：A. 优(　　) 　B. 良(　　) 　C. 中(　　) 　D. 差(　　) 2. 学风：A. 优(　　) 　B. 良(　　) 　C. 中(　　) 　D. 差(　　) 3. 学习效果(有××%的同学掌握)：			
实训反思				
偶发情况记载				

注：1. 本记载由实训教师根据训练内容进行记载；
　　2. 实训器材由所在班级和实训教师共同清理后签字交接。

习鉴定

1.填空题

(1)当砌体砌筑到＿＿＿＿＿＿＿ m 时要求搭设脚手架。

(2)钢管脚手架由＿＿＿＿＿＿、＿＿＿＿＿＿、＿＿＿＿＿＿、抛撑、剪刀撑、底座和扣件等组成。

(3)宽度小于＿＿＿＿＿＿ m 的窗间墙不能留设脚手架眼。

(4)独立柱、砖砌体的门窗洞口两侧＿＿＿＿＿＿ mm 范围内,以及梁或梁垫下及其左右各＿＿＿＿＿＿ mm 范围内不得留设脚手架眼。

2.问答题

(1)常用砌筑工具有哪些? 它们各有什么作用?

(2)常用检测工具有哪些? 它们各自检查什么内容?

(3)皮数杆上应标注哪些内容? 它们有何作用?

（4）砌筑用垂直运输设备有哪些？

（5）哪些部位不能留设脚手架眼？

教学评估见附录。

2 砖砌体的砌筑方法

本章内容简介

砌砖的基本功

常用的砌筑方法

本章教学目标

掌握铲灰、铺灰、取砖、摆砖、摺底及砍砖

熟悉"三一"砌砖法及瓦刀披灰法

掌握"二三八一"砌筑法

砖墙可分隔空间,起承重和维护作用。如何使用第1章介绍的砌筑工具和检测工具砌筑砖墙? 有哪些砌筑方法? 下面,我们就来学习砌墙的基本功和砖墙的砌筑方法。

2.1 砌砖的基本功

砌砖的基本功包括铲灰、铺灰、摆砖3个主要动作,这也是每个砌筑工人必须掌握的基本动作。

1)铲(取)灰

(1)砖刀取灰

操作者右手拿砖刀→向右(灰桶方向)侧身弯腰→将砖刀插入灰桶内侧(靠近操作者一边)→转腕将砖刀口边接触灰桶内壁→顺着内壁将灰浆刮起,如图2.1所示。

(a)砖刀插入灰桶   (b)转腕   (c)砖刀刮起灰浆

图2.1 砖刀取灰

(2)大铲(或灰瓢)铲灰

操作者右手拿大铲(或灰瓢)→向右(灰桶方向)侧身弯腰→将大铲切入(大铲面略倾斜)灰桶砂浆→向左前或右前顺势舀起砂浆。

2)取砖

①左手取砖、右手铲灰动作应一次完成。取砖时应做到"砌一、看二、观三",即取一块砖时把下一步所用的砖看好,同时要观察好第3块所砌的砖。

②旋砖的目的是挑选平整美观的砖面。一种是以手掌根为轴心,手腕转动,四指稍用力旋转180°,如图2.2(a)所示;另一种是将砖托起,掌心向上,用拇指推其砖的条面,然后四指用力向上,使砖面反转,如图2.2(b)所示。

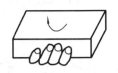

(a)以掌根为轴心旋砖　　(b)用拇指推条面反转旋砖

图2.2 旋砖

3）铺灰

（1）砌条砖时的铺灰手法

①甩灰（适宜砌筑离身体低而远的部位的墙体）：铲取砂浆呈均匀条状（长160 mm、宽40 mm、厚30 mm）并提升到砌筑位置→铲面转动90°（手心向上）→用手腕向上扭动并配合手臂的上挑力顺砖面中心将灰甩出→砂浆呈条状均匀落下（长260 mm、宽80 mm、厚20 mm）。

②扣灰（适宜砌筑近身高部位的墙体）：铲取砂浆呈均匀条状并提升到砌筑位置→铲面转动90°（手心向下）→利用手臂前推力顺砖面中心将灰扣出→砂浆呈条状均匀落下。

③泼灰（适宜砌筑近身及身后部位的墙体）：铲取砂浆呈扁平状并提升到砌筑位置→铲面转成斜状（手柄在前）→利用手腕转动呈半泼半甩状，平行向前推进泼出砂浆→砂浆落下呈扁平状（长260 mm、宽90 mm、厚15 mm）。

④溜灰（适宜砌角砖）：铲取砂浆呈扁平状并提升到砌筑位置→铲尖紧贴砖面，铲柄略抬高→向身后抽铲落灰→砂浆呈扁平状并与墙边平齐。

（2）砌丁砖时的铺灰手法

①甩灰（正手甩灰适宜砌筑离身体低而远的部位的墙体，反手甩灰适宜砌筑近身高部位的墙体）：铲取砂浆呈扁平状并提升到砌筑位置→铲面呈斜状（正手朝手心方向，反手朝手背方向）→利用手臂的推力（正手为左推力，反手为右推力）将灰甩出→砂浆呈扁平状（长220 mm、宽90 mm、厚20 mm）。

②扣灰（适宜砌37墙里丁砖）：铲取砂浆（前部较薄）并提升到砌筑位置→铲面呈斜状（朝丁砖长方向）→利用手臂推力将灰甩出→扣在砖面上的灰条外部略厚（长200 mm、宽90 mm）。

③溜灰（适宜砌37墙里丁砖）：铲取砂浆（前部略厚）并提升到砌筑位置→将手臂伸过准线使大铲边与墙边齐平→抽铲落灰→砂浆成扁平状（长220 mm、宽90 mm、厚15 mm）。

④泼灰（正泼灰适宜砌近身处的37墙外丁砖，平拉反泼适宜砌离身较远处的37墙外丁砖）：铲取砂浆呈扁平状并提升到砌筑位置→铲面呈斜状（正泼为掌心朝左，平拉反泼为掌心朝右）→利用腕力（正泼为平行向左推进，反泼为平拉反泼）泼出砂浆→砂浆呈扁平状（长220 mm、宽90 mm、厚15 mm）。

（3）一带二的铺灰手法

铲取砂浆呈扁平状并提升到砌筑位置→铲面转成90°（手心向下）→将砖顶头伸入落灰处，接打碰头灰→用铲摊平砂浆（长220 mm、宽90 mm、厚15 mm）。

4）摆砖揉挤

（1）操作

铺好砂浆→左手拿砖并离已砌好的砖30～40 mm,将砖平放并蹭着灰面→刮起一点砂浆到砖顶头的竖缝里→揉挤砖,并按要求把砖摆好→右手用铲或砖刀将挤出墙面的灰刮起,并随手甩到竖缝里,如图 2.3 所示。

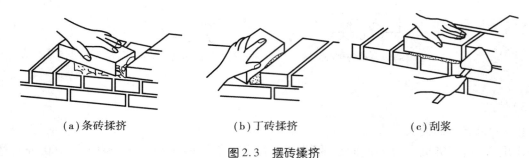

(a)条砖揉挤   (b)丁砖揉挤   (c)刮浆

图 2.3 摆砖揉挤

(2)要求

揉砖时要上平线、下跟棱,浆薄轻揉,浆厚重揉,达到横平竖直,错缝搭接,灰浆饱满,厚度均匀。

5)砍砖

由于砖的尺寸不符合建筑模数,所以砌筑过程中常常需要砍砖。

(1)砍七分头砖

七分头砖即长度为 3/4 砖长的砖,其尺寸为 180 mm×115 mm×53 mm。其砍凿方法为:选砖(外观平整、内在质地均匀)→左手持砖(条面向上)→以砖刀或刨锛所刻标记量测砖块→在砖条面画线痕→用砖刀或刨锛砍下二分头,如图 2.4 所示。

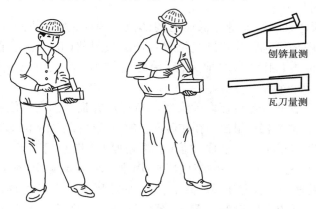

刨锛量测

瓦刀量测

砍七分头砖

图 2.4 砍七分头砖

(2)砍二寸条砖

二寸条砖即宽度为 1/2 砖宽的砖,尺寸为 240 mm×57.5 mm×53 mm。其砍凿方法为:选砖(外观平整、内在质地均匀)→两个面画线痕→用砖刀或刨锛在砖的两个丁面上各砍一下→用砖刀口轻轻叩打砖的两个大面并逐渐加力→最后在砖的两个丁面用力砍成二寸条。

另外,还常需要砍凿的有二寸头砖和半砖。七分头砍凿所剩下的那部分就是二寸头砖,尺寸为 115 mm×60 mm×53 mm,即 1/4 砖长。半砖即 1/2 砖长的砖。

活动建议

到实作场地或施工现场,试着用砖刀在平地上或墙段上铺灰,要求动作正确,铺灰均匀、平整。

练习作业

1. 砌砖的基本功包括哪些主要动作?取砖时有哪些要求?
2. 铺灰时有哪种铺灰手法?
3. 摆砖揉挤的要求是什么?
4. 什么是七分头砖、二寸条砖和二寸头砖?

2.2 常用的砌筑方法

2.2.1 砖刀披灰法

砖刀披灰法又称满刀灰法,是指在每一块砖上用砖刀满披砂浆后轻轻按在墙上的砌砖方法。

1)操作步骤

右手拿砖刀取灰→左手取砖→砖刀挂灰→摆砖揉压,如图2.5所示。

2)特点

砂浆刮得均匀,灰缝饱满,但工效低。

3)适用范围及要求

适用于砌空斗墙、拱碹、窗台、炉灶等。要求所用砂浆稠度大、黏性好,砖大面的砂浆要刮布均匀,中间不留空隙,丁、条面酌情满披砂浆,砖砌到墙上后,刮取挤出的灰浆甩入竖缝内。

2.2.2 "三一"砌砖法

"三一"砌砖法指一铲灰、一块砖、一揉挤的砌砖方法。

1)操作步骤

铲灰取砖→大铲铺灰→摆砖揉挤。

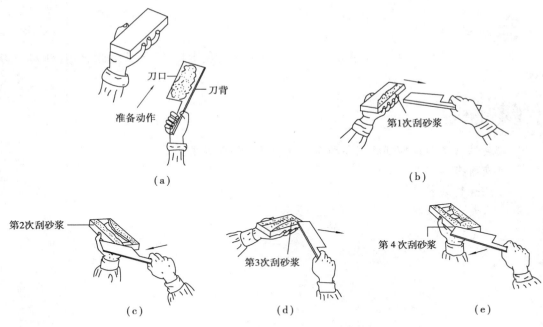

图 2.5　瓦刀披灰法的刮灰动作

2)砌砖动作

铲灰→取砖→转身→铺灰→摆砖揉挤→将余灰甩入竖缝,如图 2.6 所示。

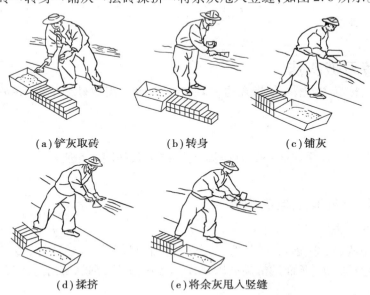

（a）铲灰取砖　　（b）转身　　（c）铺灰

（d）揉挤　　（e）将余灰甩入竖缝

图 2.6　"三一"砌砖法砌砖动作

3)砌筑布料

(1)灰斗布置

离大角或窗洞墙 0.6～0.8 m 处开始布灰斗,沿墙间距 1.5 m 左右。

（2）砖布置

灰斗之间摆放两排砖并要求侧摆整齐。

（3）工作面

材料与墙之间应留 0.5 m 作为操作者的砌砖站位。

灰斗和砖的排放如图 2.7 所示。

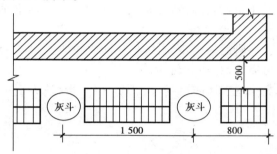

500

1 500   800

图 2.7　灰斗和砖的排放（单位:mm）

4）特点

砂浆饱满、黏结好,能保证砌筑质量,但劳动强度大,砌筑效率低。

5）适用范围及要求

适用于砌筑各种实心砖墙,要求所用砂浆稠度 7～9 cm 为宜。

2.2.3　铺浆砌砖法

铺浆砌砖法是指在墙上铺一定长度(不大于 500 mm)砂浆后再进行摆砖的砌砖方法。

1）操作步骤

大铲铺灰→取砖→摆砖揉挤。

2）砌砖动作

铲灰(或倒灰)→铺灰→取砖→摆砖揉挤→刮余灰并甩入竖缝内。

3）特点

砂浆饱满,砌筑效率高,但砂浆易失水,黏结力差,砌筑质量有所降低。

4）适用范围及要求

适用于砌筑各种混水实心砖墙,要求所用砂浆稠度大,黏性好。

2.2.4　"二三八一"砌砖法

"二三八一"砌砖法是指把砌筑工砌砖的动作过程归纳为 2 种步法、3 种弯腰姿势、8 种铺灰手法、1 种挤浆动作的砌砖操作方法。

1）操作步骤

铲灰取砖→大铲铺灰→摆砖揉挤。

2)砌砖动作

铲灰和拿砖→转身铺灰→挤浆和接刮余灰→甩出余灰。

3)2种步法(丁字步和并列步)

①操作者背向砌筑前进方向退步砌筑。开始砌筑时,斜站成步距约0.8 m的丁字步。

②左脚在前(离大角约1 m),右脚在后(靠近灰斗),右手自然下垂可方便取灰,左脚稍转动可方便取砖。

③砌完1 m长墙体后,左脚后撤半步,右脚稍移动成并列步,面对墙身再砌0.5 m长墙体。在并列步时,两脚稍转动可完成取灰和取砖动作。

④砌完1.5 m长墙体后,左脚后撤半步,右脚后撤一步,站成丁字步,再继续重复前面的动作。

4)3种弯腰姿势

(1)侧身弯腰

用于丁字步姿势铲灰和取砖,如图2.8(a)所示。

(2)丁字步正弯腰

用于丁字步姿势砌离身较远的矮墙,如图2.8(b)所示。

(3)并列步正弯腰

用于并列步姿势砌近身墙体,如图2.8(c)所示。

(a)侧身弯腰   (b)丁字步正弯腰

(c)并列步正弯腰

图2.8 3种弯腰姿势

5)8种铺灰手法

①砌条砖时采用甩灰、扣灰和泼灰3种铺灰手法,如图2.9所示。

②砌丁砖时采用扣灰、一带二铺灰、里丁砖溜灰及外丁砖泼灰4种铺灰手法,如图2.10所示。

③砌角砖时采用溜灰的铺灰手法。

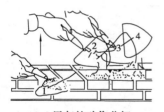
(a)甩灰的动作分解

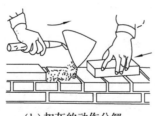
(b)扣灰的动作分解

(c)泼灰的动作分解

图2.9　砌条砖时的铺灰手法

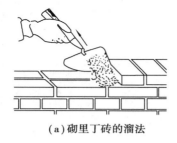
(a)砌里丁砖的溜法

(b)砌里丁砖的扣法

图2.10　砌里丁砖时的铺灰手法

6)1种挤浆动作

1种挤浆动作同"三一"砌砖法。

练习作业

1.常用的砌砖方法有哪几种？它们的操作步骤是什么？

2."二三八一"砌砖法砌砖的动作过程是什么？

3.砌砖的3种弯腰姿势、8种铺灰手法分别是什么？

活动建议

组织学生到建筑施工现场,参观砌筑工人砌墙的方法。

学习鉴定

1.填空题

(1)砌砖的基本功包括＿＿＿＿＿＿＿＿、＿＿＿＿＿＿＿＿和＿＿＿＿＿＿＿＿3个主要动作。

(2)普通烧结砖的标准尺寸是＿＿＿＿＿＿＿、七分头砖的尺寸是＿＿＿＿＿＿＿、二寸头砖的尺寸是＿＿＿＿＿＿＿、二寸条砖的尺寸是＿＿＿＿＿＿＿。

(3)常用的几种砌砖方法有＿＿＿＿＿＿、＿＿＿＿＿＿、＿＿＿＿＿和＿＿＿＿＿＿。

(4)"三一"砌砖法是指＿＿＿＿＿＿、＿＿＿＿＿和＿＿＿＿＿。

2.问答题

(1)砌砖的3种基本动作是什么?

(2)瓦刀披灰法适用于什么场合?

(3)简述"三一"砌砖法的步法及手法。

(4)"二三八一"砌砖法的含义是什么?

实习实作

1.训练目的

掌握"三一"砌砖法、砖刀披灰法的操作要点。

2.训练要求

操作步骤正确,动作规范,砌筑质量符合施工验收要求。

3.训练时间

12 h。

4.训练内容

①用"三一"砌砖法完成直线墙体(240 mm 厚)的砌砖练习。

②用砖刀披灰法完成直线墙体(180 mm 厚)的砌砖练习。

教学评估

教学评估见本书附录。

砌筑工
QIZHUG ONG

3　砖石基础的砌筑

本章内容简介

砖基础的砌筑工艺及准备工作

砖基础大放脚的组砌方法

砖基础的砌筑步骤及要求

条石基础的砌筑工艺和操作要求

砖石基础工程的质量标准和安全要求

本章教学目标

能正确选用和准备砌筑工具和砌筑材料

能进行基础的检查和复核

能进行砖基础大放脚的摆砖组砌

能按设计和施工要求砌筑砖基础

能检查基础的砌筑质量

问题引入

基础的种类很多,砖基础是一种常见的基础形式。你知道砖基础的砌筑形式有哪些吗?怎样进行砖基础的砌筑? 下面我们一起来学习砖基础的砌筑知识。

3.1 砖基础的砌筑工艺及构造

1)砖基础的砌筑工艺

准备工作→拌制砂浆→确定组砌方法→排砖摆底→收退(放脚)→正墙→检查→抹防潮层(找平层)→勾缝。

2)砖基础的构造

砖基础由大放脚和基础墙组成。剖面砌成台阶形式,称为大放脚。大放脚有等高式和间隔式两种。等高式是每两皮砖一收,每阶收进60 mm(1/4砖长),即高为120 mm,宽为60 mm;间隔式是二皮一收与一皮一收相间隔,第1台阶两皮一收,每阶收进60 mm,高为120 mm,第2台阶一皮一收,每阶也收进60 mm,高为60 mm。大放脚的收台形式如图3.1所示。

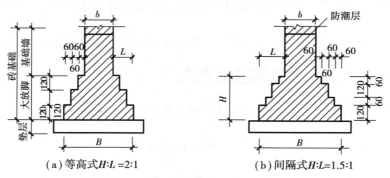

(a)等高式 $H:L=2:1$　　　　(b)间隔式 $H:L=1.5:1$

图3.1　砖基础的形式(单位:mm)

3.2 砖基础砌筑的准备工作

1)材料准备

（1）砖石

检查砖石的品种、规格、强度等级等是否符合设计要求,并提前做好浇水湿砖工作。如果采用页岩砖砌砖基础,一般选用 MU15 及以上强度等级。砖墙所用页岩砖的强度等级不得低于 MU10。

（2）水泥

根据工程环境选用水泥品种。应先弄清水泥是袋装还是散装,它们的出厂日期、强度等级是否符合要求。超过 3 个月的水泥必须重新抽样检查,待确定强度等级后再使用。安定性和凝结时间不合格的水泥不能使用。如果是袋装水泥,要抽查过磅,以检查袋装水泥的计量是否正确。

（3）砂子

检查砂子的细度和含泥量。砂子一般用中砂,要求先经过 5 mm 筛孔过筛。如果采用细砂或特细砂,应提请施工技术人员调整配合比,砂粒必须有足够的强度,粉末量应与含泥量一样限制。

（4）掺合料

掺合料是指石灰膏、粉煤灰、砂浆塑化剂等。

（5）外加剂

外加剂的种类有很多,要根据需要添加,并掌握好添加的量和顺序。

（6）其他材料

其他材料如拉结筋、预埋件、木砖、防水粉（或防水剂）等均应一一检查数量、规格是否符合要求。

2）施工准备

砖石基础砌筑是在土方开挖结束后,垫层施工完毕,已经放好线、立好皮数杆的前提下进行的。

①砖石基础施工前,应熟悉施工图,了解设计要求,听取施工技术人员的技术交底。

②应对上道工序进行验收,如检查土方开挖尺寸和坡度是否正确,基底墨斗线是否齐全、清楚,基础皮数杆的立设是否恰当,垫层或基底标高是否与基础皮数杆相符,如高差偏大,则采用 C10 细石混凝土找平。

3）作业条件准备

作业条件准备即操作前的准备,是为操作直接服务的,应予以足够的重视。

①基槽土方开挖是否符合要求,混凝土垫层是否验收合格,土壁是否安全,上下有无踏步或梯子。

②基础皮数杆最下一层砖是否为整砖,如不是整砖,要弄清各皮数杆的情况,确定"提灰"还是"压灰"。如果差距超过 20 mm,应用细石混凝土找平。

③检查砂浆搅拌机是否正常,后台计量器具是否齐全、正确。对运送材料的车辆进行计量,以便装料后确定总配合比的计量。

④基槽有积水的要予以排除,并注意集水井、排水沟是否畅通,水泵工作是否正常。

4）拌制砂浆

（1）砂浆的配合比

砂浆的配合比一般是以质量比的形式表达,经过试验确定的。当配合比确定后,操作者应严格按要求计量配料,水泥的称量精确度应控制在 ±2% 以内,砂子等的称量精确度应控制在

±5%以内,外加剂由于总掺入量很少,更要按说明或技术交底严格计量加料,不能多加或少加。

（2）砂浆的使用

砂浆应采用机械搅拌,搅拌时间不得少于1.5 min,应随拌随用,水泥砂浆或水泥混合砂浆必须在拌制后2~3 h内使用完毕。

（3）砂浆强度的测试

砂浆以砂浆试块经养护后试压测定其强度,每一强度等级、每一施工段或每250 m³的砌体,应制作1组（3块）试块,如强度等级不同或变更配合比,均应另做试块。

练习作业

砌筑砖基础前,需做哪些准备工作?

3.3　砖基础大放脚的组砌方法

3.3.1　砖基础放线尺寸的计算

大放脚基底宽度的计算:当设计无规定时,大放脚及基础墙一般采用一顺一丁的组砌方式,由于它有"收台"的操作过程,组砌时比墙身复杂。大放脚基底宽度可按下式计算:

$$B = b + 2L$$

式中　B——大放脚宽度,mm;

　　　b——正墙身宽度,mm;

　　　L——放出墙身的宽度,mm。

实际应用时,还要考虑灰缝的宽度。大放脚基底宽度计算好后,即可进行排砖摆底。

3.3.2　常见砖基础的组砌方式

1）一砖墙身"六皮三收"等高式大放脚的组砌

此种大放脚共有3个台阶,每个台阶的宽为1/4砖长,即60 mm,按上述计算,得到基底宽度为$B = 600$ mm,考虑竖缝后实际应为615 mm,即两砖半宽。其组砌方式如图3.2所示。

2）一砖墙身"六皮四收"间隔式大放脚的组砌

此种大放脚即两皮与一皮一收相间隔,共有4个台阶,按上述计算,求得基底理论宽度为720 mm,考虑竖缝后实际为740 mm。其组砌方式如图3.3所示。

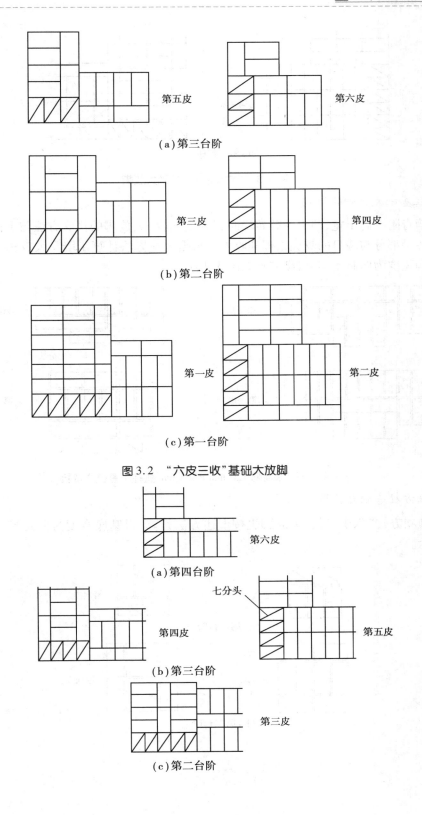

（a）第三台阶

（b）第二台阶

（c）第一台阶

图3.2 "六皮三收"基础大放脚

（a）第四台阶

（b）第三台阶

（c）第二台阶

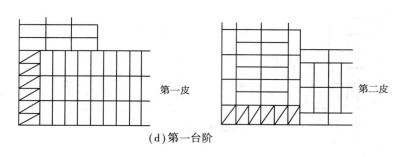

（d）第一台阶

图3.3 "六皮四收"基础大放脚

3）壁柱基础大放脚的组砌

一砖墙身附一砖半宽、凸出一砖砖垛时，"四皮两收"大放脚的排底方法与上面两例相仿，关键在于砖垛部分与墙身的咬槎处理和收放。根据上述方法计算出墙身大放脚宽为两砖，砖垛的大放脚宽度为两砖半，其组砌方式如图3.4所示。

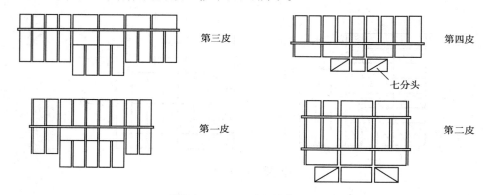

图3.4 一砖墙身附 120 mm×365 mm 壁柱下基础大放脚

4）独立方柱基础大放脚的组砌

一砖独立方柱"六皮三收"大放脚也按上述方法计算，得基底宽度为两砖半，组砌方式如图3.5所示。

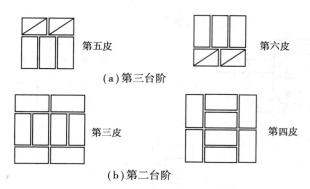

（a）第三台阶

（b）第二台阶

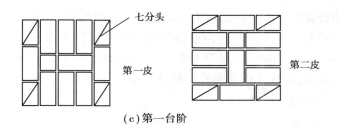

七分头

第一皮

第二皮

(c) 第一台阶

图 3.5 独立方柱下基础大放脚

常见的砖基础组砌方式有哪几种？

3.4 砖基础的砌筑步骤及要求

3.4.1 砌筑步骤

1) 找平弹线

砌砖基础前,应先将垫层清扫干净,并用水湿润,立好皮数杆,检查垫层标高是否正确,如果正确在其上弹线,包括中线和边线,注意中线与轴线的关系。

2) 排砖摆底

在垫层上弹好线后,经检查复核无误后按照砌筑方法进行排砖摆底。

排砖的目的是通过调整竖缝大小来解决设计模数和砖模数的矛盾。排砖是按照基底尺寸线和已定的组砌方式,不用砂浆,将砖在一段长度内干摆一层。排砖时适当调整竖缝宽度,尽量少砍砖。大放脚一般采用一顺一丁砌筑法,竖缝至少错缝 1/4 砖长。大放脚的第一皮砖及各个台阶的第一皮砖应以丁砌为好。

砖基础
找平弹线

知识窗

因为设计尺寸是以 100 为模数,砖是以 125 为模数,两者是相互矛盾的,这个矛盾需通过排砖来解决。在排砖中要把转角、墙垛、洞口、交接处等不同部位排得既符合砖的模数,又符合设计的模数,做到尽量少砍砖,并且要求接槎合理,操作方便。排砖是通过调整竖缝大小来解决设计模数与砖模数的矛盾的。

排砖结束后,用砂浆把干摆的砖砌起来,称为摆底。对摆底的要求,一是不能改变已排好砖的平面位置,要一铲灰一块砖砌筑;二是必须严格与皮数杆标准砌平。偏差过大的应在准备阶段处理完毕,但 10 mm 左右的偏差要靠调整砂浆灰缝厚度来解决。所以,必须先在大角按皮数杆砌好,拉上准线后,摆底工作才能全面铺开。排砖摆底工作的好坏,直接影响整个基础的砌筑质量,必须严肃认真地做好。

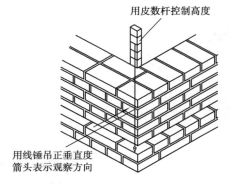

用皮数杆控制高度

用线锤吊正垂直度
箭头表示观察方向

图 3.6 砖基础的盘角示意图

3) 盘角

在墙的转角和内外墙交接处应先砌大角,称为盘角。盘角时由 1 人进行,每次盘角高度不得超过 5 皮砖,并用线锤检查垂直度,用水平尺检查平整度,做到三皮一靠,五皮一吊,同时要检查每皮砖与皮数杆相符合的情况,如图 3.6 所示。检查无误后两面挂线,砌好摆底砖后再砌以上各皮砖。

4) 收台阶

基础大放脚收台阶时,每次收台阶必须用卷尺量准尺寸,每次收台阶高度为 120 mm 或 60 mm,收台宽度为60 mm,中间部分的砌筑应以大角处的准线为依据,不能用目测或砖块比量,以免出现偏差。收台阶结束后,砌基础墙前,要利用龙门板拉线检查墙身中心线,并用红铅笔将"中"画在基础墙侧面,以便随时检查复核。

3.4.2 砌筑要求

①基底标高不同时,应从低处砌起,并应由高处向低处搭砌。当设计无要求时,搭接长度 L 不应小于基础底面的高差 H,搭接长度范围内下层应扩大砌筑,如图 3.7 所示。

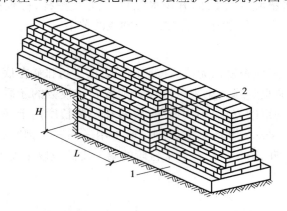

H

L

1

2

图 3.7 基底标高不同时的搭砌示意图(条形基础)
1—混凝土垫层;2—基础扩大部分

②砖基础大放脚形式应符合设计要求。当设计无规定时,宜采用"二皮砖一收"或"二皮与一皮间隔一收"的砌筑形式,退台宽度均应为 60 mm,退台处面层砖应丁砖砌筑。

③如有抗震缝、沉降缝时,缝的两侧应按弹线要求分开砌筑。砌筑时缝隙内落入的砂浆要

随时清理干净。

④基础分段砌筑必须留踏步槎,分段砌筑的高度相差不得超过 1.2 m。

⑤基础大放脚应错缝,利用碎砖和断砖填心时,应分散填放在受力较小且不重要的部位。

⑥预留孔洞应留置准确,不得事后开凿。

⑦基础灰缝必须密实,以防止地下水的浸入。

⑧各层砖与皮数杆要保持一致,偏差不得大于 ±10 mm。

⑨管沟和预留孔洞的过梁,必须安放正确,坐灰饱满,如坐灰厚度超过 20 mm 的应用细石混凝土铺垫。

⑩地圈梁底和构造柱侧应留出支模用的"穿杠洞",待拆模后再填补密实。

练习作业

1. 简述砖基础的砌筑步骤。

2. 什么是排砖?什么是撂底?

3. 砖基础砌筑有哪些要求?

阅读理解

条石基础的砌筑工艺及操作要点

条石基础砌筑的操作工艺为:准备工作→拌制砂浆→确定组砌方法→排石撂底→收退(放脚)→正墙→检查→抹防潮层(找平层)结束基础→匀缝。

1)基本概念

(1)石料的面

把面向操作者的一面称为正面,背向操作者的一面称为背面,向上的一面称为底面,其余面是左右侧面。

(2)石砌体的灰缝

上下向的称为竖缝,其余的称为横缝。

(3)石层

砖砌体每砌筑一线高称为一皮,石砌体则称为层。

(4)顺石、丁石和面石

把石料长边平行而外露于墙面的称为顺石;长边与墙面垂直、横砌露出侧面或端面的称为丁石(也叫顶石);石砌体中露出石面的外层砌石称为面石。

2)准备工作

①石砌体用石应选质地坚实、无风化剥落和裂纹的石块,并按石块的规格对各砌筑部位进行分配,每个砌筑部位所用的石块要大小搭配,不可先用大石块后用小石块。

②石材表面的泥垢、水锈等杂质,在砌筑前应清除干净。

③熟悉施工图纸,了解设计要求,听取施工技术人员的技术交底。

④根据设计要求,在砌筑部位放出石砌体的中心线及边线。

⑤复核各部位的原有标高,如有高低不平,应用细石混凝土填平。

⑥按石砌体的每层高度及灰缝厚度等制作皮数杆,皮数杆立于基础的转角及交接处。在皮数杆之间拉准线,依据准线逐层砌石。

3)条石基础的组砌形式

条石基础主要有丁顺叠砌和丁顺组砌两种。

(1)丁顺叠砌形式

丁顺叠砌形式由一层顺石与一层丁石相隔叠放砌筑,上下皮竖缝相互错开1/2石宽。一般先丁后顺,如图3.8(a)所示。

(2)丁顺组砌形式

丁顺组砌形式是指同皮内1~3块顺石与一块丁石相隔交替砌筑。丁石长度为基础宽度,顺石宽度一般为基础宽度的1/3。丁石中距不大于2 m,上层丁石应坐中于下层顺石上,上下层竖向缝相互错开至少1/2石宽,如图3.8(b)所示。

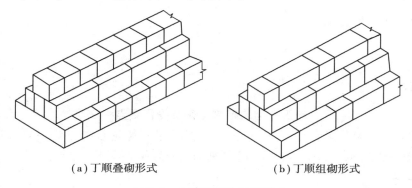

| (a)丁顺叠砌形式 | (b)丁顺组砌形式 |

图3.8 条石基础的组砌形式

3.5 质量预控和安全要求

3.5.1 砖石基础砌筑时的常见问题和质量预控

1)砂浆强度不稳定

影响砂浆强度的因素有计量不准,原材料质量变动,塑化材料的稠度不准而影响掺入量,外加剂掺入量不准确,砂浆试块的制作和养护方式不当等。

控制方法:加强原材料的进场验收,不合格或质量较差的材料进场后要立即采取相应的技术措施;对计量器具进行检测,并对计量工作派专人监控;调整搅拌砂浆时的加料顺序,使砂浆搅拌均匀;对砂浆试块应有专人负责制作和养护。

2）基顶标高不准

基顶标高不准可能是因为基底或垫层标高不准,立好皮数杆后又没有用细石混凝土找平偏差较大的部位;或者是在砌筑时,两角的人没有调整好水平线,造成两端错层,砌成螺丝墙;或者是小皮数杆设置得过于偏离中心,基础收台阶结束后,小皮数杆远离基础墙,失去实际控制意义。所以在操作时必须按要求用细石混凝土找平,摆底时要摆平。小皮数杆应用20 mm×20 mm 的小木条制作,一则可以砌在基础内,二则也具有一定刚度,避免变形。基础开砌前,要用水准仪复核小皮数杆的标高,防止因皮数杆不垂直而造成基顶不平。

3）基础墙身位移过大

基础墙身位移过大的主要原因是大放脚两边收退不均匀,或者砌筑墙身时未拉线找出正墙的轴线和边线,或者砌筑时墙身垂直偏差过大。

解决此问题的操作要求如下:大放脚两边收退应用尺量,使其收退均匀,不得采用目测和砖块比量的方法。基础收退到正墙时必须复核准线后再砌筑,还应经常检查墙身垂直度,要求盘头角时每五皮砖吊线检查 1 次,以保证墙身垂直度。

4）墙面平整度偏差过大

墙面平整度偏差过大的主要原因是一砖半以上的墙体未双面挂线砌筑,还有砖墙挂线时跳皮挂线,另外,还有舌头灰未刮清或毛石表面不平整所致。

操作要点:砖墙砌筑挂线应皮皮挂线而不应跳皮挂线,一砖半以上墙体必须双面挂线。砌筑时要随角清舌头灰,做到砖墙不碰线砌筑。对表面不平的毛石面应于砌筑前修正,避免凹凸不平

5 的主要原因有:找平时出现误差,皮数杆木桩不牢固、松动,皮数杆立好后
水平 不够,皮数杆不正引起基础交圈不平或者扭曲。
每个皮数杆的位置上找好水平,立皮数杆的木桩应牢固、无松动,并且立好
的皮 ,检查符合后才可使用。

要求
处和交接处应同时砌筑,因此,在基础大放脚摆底时应尽量安排使内外墙
体同 同时砌筑的临时间断处,应尽量留斜槎;留斜槎确有困难时,除转角外也
可留 成阳槎,并加设拉结筋。拉结筋加设应符合施工规范要求和抗震规范
要

低和厚薄不匀
反映在砖基础大放脚砌筑上。要防止水平灰缝高低和厚薄不匀问题的产
生 缝均匀,每皮砖要与皮数杆对齐。砌筑时要左右照顾,线要收紧,挂线过长
时 挂线平直。

筋位置不准
原因是没有按设计规定施工,小皮数杆上没有标示。因此,砌筑前要询问
是否 ,是否有预留孔洞,并弄清位置和标高。砌筑过程中要加强检查。

9）基础防潮层失效

防潮层施工后出现开裂、起壳甚至脱落，以致不能有效地起到防潮作用，造成这种情况的原因是抹防潮层前没有做好基层清理，因碰撞而松动的砖没补砌好，砂浆搅拌不均匀或未做抹压，防水剂掺入量超过规定等。

防止办法是应将防潮层作为一项独立的工序来完成的。基层必须清理干净和浇水湿润，对于松动的砖，必须凿除灰缝砂浆，重新补砌牢固。防潮层收水后要抹压，如果以地圈梁代替防潮层，除了要加强振捣外，还应在混凝土收水后抹压。砂浆的拌制必须均匀。当掺加粉状防水剂时必须先调成糊状后加入，掺入量应准确。如用干料直接掺入，可能造成结团或防水剂漂浮在砂浆表面而影响砂浆的均匀性。

3.5.2 安全注意事项

除了应遵守建筑工地一般安全规定外，还必须做到以下几点：

1）保证基槽、基坑的边坡稳定

基槽、基坑应视土质和开挖深度留设边坡，如因场地小，不能留设足够的边坡，则应支撑加固。基础摆底前还必须检查基槽或基坑，如有塌方等现象或支撑不牢固，要采取可靠措施后才能进行工作。工作过程中要随时观察周围土壤情况，发现裂缝或其他不正常情况时，应立即离开危险地点，采取必要的措施后才能继续工作。基槽外侧 1 m 以内严禁堆物。人进入基槽工作时应有上下设施（踏步或梯子）。

2）保证材料运输安全

①搬运石料时，必须起落平稳，两人抬运应步调一致，不得随意乱堆。

②向基槽内运送石料或砖块，应尽量采取滑槽，上下工作要相互联系，以免砸伤人或损坏墙基或土壁支撑。

③当搭架板（又称铺道）或搭设运输通道运送材料时，要随时观察基槽（坑）内操作人员，以防砖块等掉落伤人。

3）确保取石安全

在石堆上取石，不准从下掏挖，必须自上而下取石，以防坍塌。

4）注意基槽积水的排出

基槽内如有积水，应及时排出。排水时，要注意安全用电，应使用专用闸刀和触电保护器，并指派专人监护。

5）确保雨雪天的施工安全

雨雪天应注意做好防滑工作，特别是上下基槽的设施和基槽上的跳板要钉好防滑条。

学习鉴定

1. 填空题

（1）砖基础由_____和_____组成。

（2）按照基础大放脚的收退方式可分为＿＿＿＿＿和＿＿＿＿＿两种。等高式大放脚每阶收退宽度为＿＿＿＿＿mm，高度为＿＿＿＿＿mm；间隔式大放脚每阶收退宽度为＿＿＿＿＿mm，高度为＿＿＿＿＿mm。

（3）如果采用页岩砖砌砖基础，一般选用＿＿＿＿＿强度等级的页岩砖。砖墙所用页岩砖的强度等级不得低于＿＿＿＿＿级。

（4）水泥进场以前应检查其出厂日期、规格、合格证及＿＿＿＿＿是否符合要求。超过＿＿＿个月的水泥必须重新抽样检查，待确定强度等级后再使用。＿＿＿＿＿和＿＿＿＿＿不合格的水泥不能使用。

（5）砂浆应采用机械搅拌，搅拌时间不得少于＿＿＿＿＿，应随拌随用。水泥砂浆或水泥混合砂浆必须在拌制后＿＿＿＿＿内使用完毕。

（6）砂浆强度是以砂浆试块经养护后试压而测定的，每＿＿＿＿＿或每＿＿＿＿＿砌体，应制作 1 组试块，每组试件为＿＿＿＿＿块。

（7）大放脚一般采用＿＿＿＿＿的砌筑方法，竖缝至少错缝＿＿＿＿＿。大放脚的第一皮砖及各个台阶的第一皮砖应以＿＿＿＿＿为好。

（8）砌筑"六皮三收"的基础大放脚时其放线宽度为＿＿＿＿＿mm，"六皮四收"的放线宽度为＿＿＿＿＿mm。

（9）基础大放脚盘角时由 1 人进行，每次盘角高度不得超过＿＿＿＿＿，并用线锤检查垂直度，用水平尺检查平整度，做到＿＿＿＿＿，＿＿＿＿＿，同时要检查每皮砖与皮数杆相符合的情况。

（10）砌筑不同深度的基础时，应先砌＿＿＿＿＿，后砌＿＿＿＿＿。基础高低相连处要砌成踏步槎，踏步的长度应不小于＿＿＿＿＿，其高度不大于＿＿＿＿＿。

2. 问答题

（1）砖石基础砌筑前对基层如何进行处理？

（2）砖基础砌筑的操作要点有哪些？

（3）怎样做好砖基础的盘角和收退工作？

（4）砖基础砌筑中应注意哪些质量问题？怎样防止？

（5）基础砌筑过程中除应遵守一般安全规定外,还应注意哪些方面的安全问题?

1.训练目的

了解砖基础大放脚的组砌方法,掌握砖基础的砌筑要点。

2.训练内容

①进行一砖墙身"六皮三收"及"六皮四收"基础大放脚的砌筑练习。

②进行一砖墙身附一砖半砖垛"四皮两收"大放脚的砌筑练习。

③进行一砖方柱"六皮三收"大放脚的砌筑练习。

3.训练时间

每一训练内容各4 h,共12 h。

教学评估

教学评估见本书附录。

4 砖墙和砖柱的砌筑

本章内容简介

砖墙的组砌形式、施工工艺及操作要点

砖柱的组砌方法和操作要点

清水墙和异形墙的砌筑要点

砖墙、砖柱的质量验收规定

本章教学目标

掌握常见的砖墙组砌形式

掌握砖墙的砌筑工艺和操作要点

能砌筑实心砖墙、清水墙

能砌筑窗台、门窗洞间墙、砖过梁、楼层处及构造柱处

墙体等

熟悉砖柱的组砌形式和要求

掌握砖柱的砌筑方法和操作要点,能砌筑砖柱

4.1 砖墙的砌筑

问 题引入

墙体是组成建筑空间的竖向构件,它下接基础,中搁楼板,上连屋顶,对整个建筑的使用、造型和造价影响极大,是建筑物的重要组成部分。你知道砖墙是怎样组砌而成的吗? 在砌墙的过程中对墙体有哪些要求? 下面,我们就来学习砖墙的砌筑。

4.1.1 砖砌体的组砌原则

1)上下错缝、内外搭接

为保证砌体搭接牢靠和整体受力,要求上下皮砖至少错缝 1/4 砖长(即 60 mm),一般上下顺、丁砖层错开 1/4 砖长,上下顺、顺砖层错开 1/2 砖长,如图 4.1 所示。

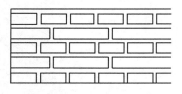

2)控制灰缝厚度

水平灰缝应通过皮数杆及准线控制,厚度为 8~12 mm,一般为 10 mm;竖缝依据砌砖经验来把握,一般为 10 mm,可在 8~12 mm 范围内调整缝宽。

图 4.1 砖砌体的错缝

3)墙体之间连接可靠

加强墙体之间的连接,是为了保证墙体与墙体之间的整体性和共同承受水平荷载的能力,减轻房屋震害。

相互连接的墙体最好同时砌筑,如果不能同时砌筑,应在先砌的墙上留槎,后砌的墙要镶入槎内。规范规定的留槎形式有斜槎(也称踏步槎)和直槎(也称小马牙槎)两种,如图 4.2 所示。若留直槎,则必须在墙内设置拉结筋,拉结筋的数量为每半砖墙厚放置 1 根直径不小于 6 mm 的钢筋,间距沿墙高不得超过 500 mm,埋入长度从墙的留槎处算起,每边均不应小于 500 mm,对抗震设防烈度 6 度、7 度的地区,不应小于 1 000 mm,末端应有 90°弯钩。

4)灰缝砂浆应密实饱满

砖墙水平灰缝和竖向灰缝的砂浆饱满度不得低于 80%;砖柱水平灰缝和竖向灰缝饱满度不得低于 90%。

砖墙接槎时,必须将接槎处的表面清理干净,浇水湿润,并应填实砂浆,保持灰缝平直。

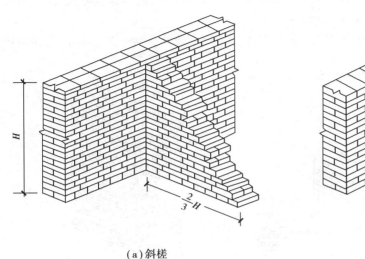
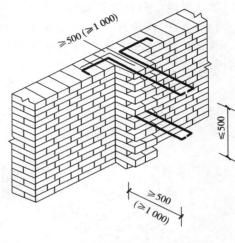

（a）斜槎　　　　　　　　　　　　　（b）直槎

图 4.2　砖墙留槎（单位:mm）

练习作业

1. 墙体如果不能同时砌筑时,规范规定的留槎形式有_____和_____两种。

2. 墙体斜槎的留置长度不得小于墙体高度的_____。

3. 墙体留直槎时,必须在墙内设置拉结筋,拉结筋的数量为每半砖墙厚放置1根直径不小于6 mm 的钢筋,间距沿墙高不得超过_____ mm,埋入长度从墙的留槎处算起,每边均不得少于_____ mm,末端应有_____弯钩。

4. 砖砌体的组砌原则是什么?

阅读理解

砖在砌体中的名称

①根据砖的表面尺寸大小,砖有不同的名称。砖的 240 mm × 115 mm 面称为大面,240 mm × 53 mm 面称为顺面,115 mm × 53 mm 面称为顶面。砌砖时,根据错缝搭接要求,将砖砍成不同的尺寸,把整砖横向砍去1/4,称3/4砖(七分头);砍去 1/2,称1/2 砖(半砖);用 1/4 分砖称1/4 砖(二寸头)。如果把砖顺向对劈,称二寸条,如图4.3所示。

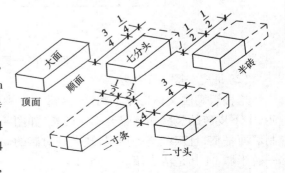

图 4.3　整砖及砍砖的各部分名称

②砖与砖之间的砂浆层称为砖缝。水平方向的砖缝称为水平缝,或称为横缝;垂直方向的砖缝称为竖缝,或称为立缝,如图4.4所示。

③砌砖时,由于砖的平、立位置不同,又分为丁砖、顺砖、斗砖及立砖。砖墙构造名称如图4.5所示。

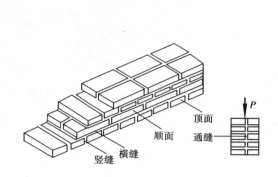

图4.4 墙的错缝搭接及砖缝名称

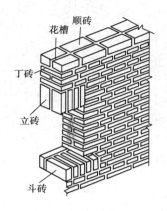

图4.5 砖墙构造名称

4.1.2 砖砌体的组砌

1)砖砌体的组砌法

砖砌体有不同的排列方法,称为组砌法。在实际操作过程中有以下几种:

(1)上下皮一顺一丁砌法

这种组砌法从墙的立面看,为一皮丁砖、一皮顺砖相互错缝而砌成,上下皮竖缝相互错开1/4砖长。顺砖上下对齐的称为十字缝,顺砖上下皮相错半砖的称为骑马缝,如图4.6所示。这种砌法的优点是砌筑效率高,易掌握,易控制墙面平整;缺点是对砖的规格要求较高。适用于砌一砖墙、一砖半墙及二砖墙。

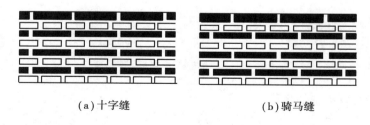

(a)十字缝　　　　　　　　(b)骑马缝

图4.6 一顺一丁两种砌法

(2)每皮一顺一丁砌法

这种组砌法又称梅花丁砌法,由每一皮中丁砖与顺砖间隔组砌,上皮丁砖坐中于下皮顺砖,上下皮砖的竖缝相互错开1/4砖长,如图4.7所示。这种砌法的优点是竖缝易对齐,易控制墙面平整,且灰缝整齐美观;缺点是对砖的规格要求高且砌筑效率较低。适用于砌一砖墙及一砖半墙,尤其是清水墙。

（3）三顺一丁砌法

这种组砌法从墙的立面看，由一皮丁砖、三皮顺砖间隔组砌，上下皮顺砖竖缝错开 1/2 砖长，上下皮顺砖与丁砖竖缝错开 1/4 砖长，如图 4.8 所示。这种砌法的优点是砍砖少，砌筑效率高，能利用部分半砖；缺点是顺砖层易向外挤出，出现"游墙"，整体性较差。适用于砌一砖墙、一砖半墙。

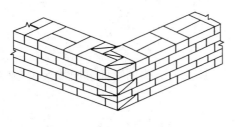

图 4.7　每皮一顺一丁砌法

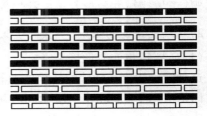

图 4.8　三顺一丁砌法

（4）顺砌法

这种组砌法从墙的立面看，每皮砖均为顺砖，各砖错缝均为 1/2 砖长，如图 4.9 所示。适用于砌 120 mm 隔墙。

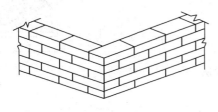

图 4.9　顺砌法

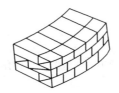

图 4.10　丁砌法

（5）丁砌法

这种组砌法从墙的立面看，每一皮砖均为丁砖，各砖错缝为 1/4 砖长，如图 4.10 所示。适用于砌烟囱、水塔、水池、圆仓等。

（6）180 mm 墙组砌法

180 mm 墙组砌法又称两平一侧式。180 mm 厚的墙多数用于内墙。它是采用二皮砖平砌与一皮砖侧砌的顺砖相隔砌成的，如图 4.11 所示。

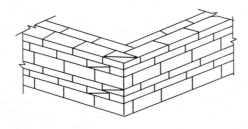

图 4.11　180 mm 墙组砌法

无论采用何种砌法，每层墙最下一皮和最上一皮、在梁和梁垫下面、墙的窗台水平面上的砖层均应用丁砖砌筑。

实习实作

叠砌法练习:顺砌、丁砌、斗砌。

要求:按照墙厚为240 mm,墙段长度分别为620,860,1 500,2 100 mm,以一顺一丁砌法进行叠砌(干摆砖),并画出其单皮数和双皮数的排砖平面图及立面图。

2)砖墙交接处的组砌(一顺一丁组砌方式)

(1)砖墙转角处L形接头

这种组砌法应在砖墙的转角处砌七分头砖(3/4砖长),七分头的顺面方向依次砌顺砖,丁面方向依次砌丁砖,如图4.12、图4.13所示。

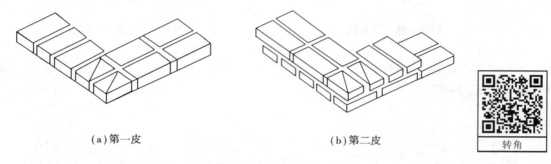

(a)第一皮   (b)第二皮

图4.12 240 mm墙的L形转角组砌法

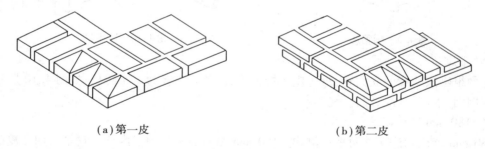

(a)第一皮   (b)第二皮

图4.13 370 mm墙的L形转角组砌法

(2)砖墙的丁字形接头

这种组砌法在砖墙的丁字形接头处应分皮相互砌通,内角相交处竖缝相互错开1/4砖长,并在横墙端头处加砌七分头砖(3/4砖长),如图4.14、图4.15所示。

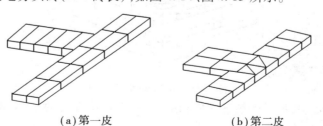

(a)第一皮   (b)第二皮

图4.14 240 mm墙丁字形接头组砌法

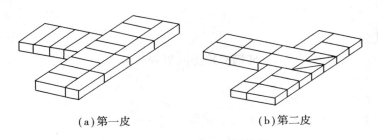

（a）第一皮　　　　　　　　（b）第二皮

图 4.15　370 mm 墙的丁字形接头组砌法

（3）砖墙的十字形接头

这种组砌法在砖墙的十字形接头处应分皮相互砌通，交角处的竖缝相互错开 1/4 砖长，如图 4.16、图 4.17 所示。

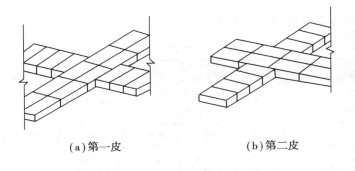

十字形

（a）第一皮　　　　　　　　（b）第二皮

图 4.16　240 mm 墙的十字形接头组砌法

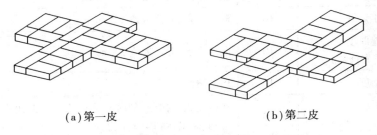

（a）第一皮　　　　　　　　（b）第二皮

图 4.17　370 mm 墙的十字形接头组砌法

练习作业

在实际操作过程中，砖砌体的组砌法有哪几种？各适用于什么墙体的砌筑？

砖墙交接处的组砌练习

1. 要求

（1）墙厚为 240 mm 和 370 mm。

（2）墙段长度≥1 500 mm，以一顺一丁组砌方式进行叠砌练习。

2. 时间

4 课时。

3. 检查、鉴定

砖墙砌筑评分表，见表4.1。

4. 作业

画出其单皮数和双皮数的排砖平面图。

表4.1　砖墙砌筑评分表

项　目	满分/分	评分标准	得分/分
水平灰缝 砂浆饱满度	12	一组3块平均80%以上得满分,达不到80%不得分	
外形尺寸	8	第1皮砖外形尺寸测4点,允许偏差±5 mm	
墙面垂直度	20	测8个点,允许偏差±5 mm	
墙面平整度	10	测4个点,允许偏差±5 mm	
墙面游丁走缝	10	测4个点,允许偏差±20 mm	
水平灰缝厚度 （10皮砖累计数）	10	测4个点,允许偏差±8 mm	
墙面清洁度	10	墙面清洁、干净	
工　效	10	按时完成不扣分;到时只完成4/5以上扣4分;到时未达到4/5不得分	
安　全	5	无安全事故	
综合印象	5	观感较好,砌筑手法正确	
总　计	100		

活动建议

组织学生到施工现场参观砖砌体的砌筑,并了解它们的组砌方式、砌筑方法及操作工艺。

4.1.3　砖墙的砌筑工艺和操作要点

砖墙的砌筑工艺一般是砌筑准备→拌制砌筑砂浆→确定组砌形式→摆砖撂底→盘角→挂

线→铺灰砌砖→勾缝→清理墙面。

1)砌筑准备

（1）施工准备

①熟悉施工图纸，了解墙体各部位的具体做法和要求。

②在墙的转角处、内外墙交接处、楼梯间及墙面变化较多的部位立好皮数杆。

③检查皮数杆上的 ±0.000 与测定点处的 ±0.000 是否一致，皮数杆第一皮砖的标高是否在同一水平面上。

④复核基础中心线，弹好墙体中心线，画好房间、门窗洞口等位置线。

（2）材料准备

①砖：检查砖的品种、规格、强度等级、外观尺寸是否符合设计要求，色泽是否一致。

②砂：应采用中砂并过筛，筛孔直径以 6~8 mm 为宜，砂的含泥量一般不超过 10%。

③水泥：检查水泥的品种、强度等级、出厂日期是否符合要求，确定袋装水泥和散装水泥的计量方法。

④石灰：将熟化好的石灰浆放在储灰池内"陈伏"两个星期以上，并保持石灰浆表面有一层水。

⑤水：应使用自来水或洁净的天然水。

⑥其他材料：应了解木砖、拉结筋、预制过梁及壁龛是否进场；木砖是否涂好防腐剂，预制件规格尺寸是否符合要求；了解门窗框的进场数量、规格等。

（3）操作准备

①了解搅拌设备、运输设备、脚手架的安放架设情况和计量器具的情况等。

②检查运输道路是否平整畅通，室内外填土是否完成，地沟盖板是否盖好。

③砖应提前 1~2 d 浇水湿润，但浇水不能过多或过少，一般使砖含水率达到 10%~15% 即可，施工现场可断砖观察，以水浸入砖深度达 1~1.5 cm 为宜。

④将浇好水的砖与灰槽布置在距离所砌墙体位置 500 mm 为宜，灰槽间距以 1 500 mm 为宜，如图 4.18 所示。

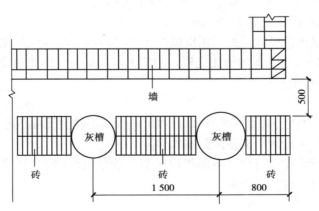

图 4.18　灰槽和砖的排放位置（单位:mm）

2）拌制砌筑砂浆

砂浆的配合比由施工技术人员提供，拌制时应严格按砂浆配合比指示牌上标识的各种材料用量准确称量配料。其中水泥偏差应控制在 ±2% 以内，砂子和石灰膏偏差应控制在 ±5% 以内。

（1）人工拌制

①拌制方法。人工拌制砂浆应有专门的灰槽（或灰盘），严禁在土地上拌和。在灰盘上先将砂子和水泥干拌均匀，然后在中间扒一个"坑"，将水（或石灰膏和水）放进坑中，最后用铁铲将其拌和均匀。

②投料顺序。

a. 水泥砂浆：水泥和砂子干拌均匀，加水拌匀。

b. 石灰砂浆：石灰膏加水拌成稀浆，加砂拌匀。

c. 水泥石灰混合砂浆：先将水泥加砂干拌均匀，石灰膏加水拌成稀浆，然后将二者混合拌匀。

（2）机械搅拌

①投料顺序。

a. 水泥砂浆：砂浆搅拌机启动→水→水泥→砂→水。

b. 石灰砂浆：砂浆搅拌机启动→水→石灰膏→砂→水。

c. 水泥石灰混合砂浆：砂浆搅拌机启动→水→砂子和石灰膏（搅拌 1 min）→水泥和水拌匀。

小组讨论

搅拌砂浆时，投料顺序不同会影响砂浆的强度吗？

②搅拌时间（自投料完算起）。

a. 水泥砂浆和水泥石灰混合砂浆不得少于 2 min。

b. 水泥粉煤灰砂浆和掺外加剂的砂浆不得少于 3 min。

c. 掺有机塑化剂的砂浆应为 3 ~ 5 min。

③使用要求：砌筑所用砂浆最好采用机械搅拌，应随拌随用，水泥砂浆和水泥混合砂浆一般应分别在拌制后的 3 h 和 4 h 内使用完毕。当施工期间最高气温超过 30 ℃时，应分别在拌制后的 2 h 和 3 h 内使用完毕。

④试块制作。

a. 抽检数量：同一类型、强度等级的砌筑砂浆，每一砌体检验批且不超过 250 m³ 砌体施工中，对每台搅拌机应至少进行 1 次砂浆强度抽检。

b. 检验方法：在砂浆搅拌机出料口随机取样制作砂浆试块（同盘砂浆只制作一组试块），最后检查试块强度，填写试验报告单。

3）确定组砌形式

为保证砌体和抹灰质量，应采用一顺一丁或梅花丁组砌形式。

4)摆砖摞底

(1)摆砖摞底原则

①挑选方正、平直的砖,按照组砌形式试摆。

②摆砖应从一端开始向另一端有序试摆,不能从两端开始向中间或从任意位置向两边试摆。

③摆砖时,应遵循"山丁檐跑"的原则,即山墙为丁砖,檐墙为顺砖。

④门(窗)间墙,要排成符合砖的模数,如不符合,可将门窗洞口左右移位,但移位不应大于60 mm。

⑤尽量避免一道墙上连续出现两皮砖都是七分头砖,可将其中一皮七分头砖排到窗台下的中部位置来处理。

⑥清水墙面不允许出现二寸头砖,以免影响清水墙面美观。

(2)240 mm厚砖墙的摆砖(干摆6层砖墙)

①十字缝摆砖:将角部两块七分头砖准确定位(跟顺砖走),然后按"山丁檐跑"的原则依次摆砖,如图4.19(a)所示。

②骑马缝摆砖:先将角部两块七分头砖准确定位(跟顺砖走),其后隔层摆一丁砖,再按"山丁檐跑"的原则依次摆砖,如图4.19(b)所示。

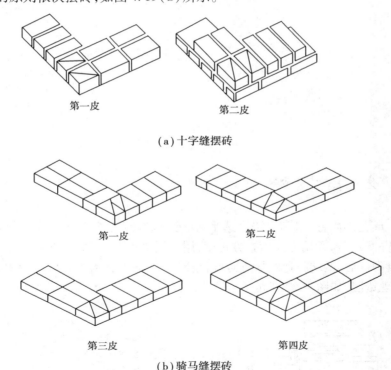

第一皮　　　　　　　　　第二皮

(a)十字缝摆砖

第一皮　　　　　　　　　第二皮

第三皮　　　　　　　　　第四皮

(b)骑马缝摆砖

图4.19　一顺一丁组砌法摆砖

③梅花丁组砌法摆砖:转角处每一皮砖均常用整砖、七分头砖、半砖、二寸头砖各1皮准确定位,然后按一丁一顺依次摆砖,如图4.20所示。

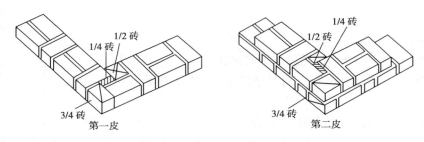

图 4.20　梅花丁组砌法摆砖

④纵横墙接头处摆砖。

a.一顺一丁丁字墙,如图 4.14 所示。

b.一顺一丁十字墙,如图 4.16 所示。

练习作业

画出砖墙 L 形、丁字形、十字形交接处的一顺一丁排砖平面图。

5)240 mm 厚实心砖墙墙身砌筑

（1）盘角

①盘角处 1 m 范围内,按组砌方法挑选平直、方正的砖(七分头砖一定要棱角方正,尺寸正确),先盘砌 3~5 皮砖,并用方尺检查方正度,用线锤检查垂直度,如图 4.21 所示。

②五皮砖盘砌好后,两端拉通线检查砖墙留槎处,砖是否有抬头和低头现象,再核对砖的皮数,不容许出现错层,如图 4.22 所示。

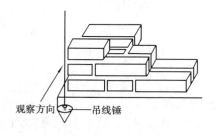

图 4.21　砖墙垂直度检查(5 皮以下)

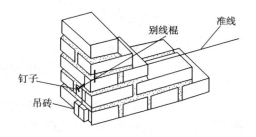

图 4.22　拉准线检查砖墙水平灰缝平直度

③随着盘角上砌,要随时用托线板检查其垂直度,使纵横墙砌成直角,如图 4.23 所示。

④盘砌时必须以皮数杆为准,控制好砖层上口高度,不要与皮数杆对应的皮数相差太多(偏差值应控制在 5~10 mm 以内),如图 4.24 所示。

图 4.23　托线板检查垂直度(5 皮以上)　图 4.24　皮数杆检查水平灰缝厚度

(2)挂线

①外墙大角挂线:用线拴上半截砖头,挂在大角的砖缝里,然后用别线棍把线别住,别线棍的直径约 1 mm,别在离转角 20~40 mm 处,如图 4.25(a)所示。

②内墙挂线:一般先拴立线,再将准线挂在两端立线上,如图 4.25(b)所示。

③挑线:当墙面挂线长度超过 20 m 时,应在墙身中间砌上 1 皮挑出 30~40 mm 的腰线砖托住准线,再用砖将线压住,如图 4.25(c)所示。

(3)砌墙身

①墙身砌筑必须挂准线,准线要绷紧。一般 240 mm 及以上墙体均应采用双面挂线。

②准线挂好后,严格按砖墙砌筑方法铺好灰浆,要求上灰要准,铺灰要活。

③砌顺砖时,要依据"上平线、下跟棱"的原则,将砖摆平;砌丁砖时,身体稍往外探,看墙面丁砖面的侧边,使其与下面所砌砖面对齐,避免"游丁走缝"。

④按照盘角、砌墙身的顺序循环向上进行。

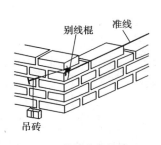 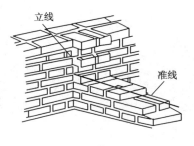 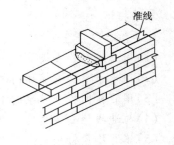

(a)外墙大角挂线　　　　(b)内墙挂线　　　　(c)挑线

图 4.25　挂线方法

实习实作

直线墙的砌筑

1. 活动

教师讲解示范,内容如下:

(1)放出墙体的中心线、边线。

(2)排砖撂底,如图4.26所示。

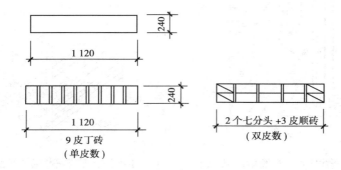

图4.26 排砖示意图(单位:mm)

(3)砌筑头子:要求在砌筑过程中经常检查墙体的垂直度。

(4)砌筑墙身:每砌一线都要求绷线要紧、铺灰要活、上跟线、下跟棱。

(5)砌筑时要求做到横平竖直、灰浆饱满、组砌得当、上下错缝。

2. 实训

要求完成长1 120 mm、高900 mm、厚240 mm直线墙的砌筑,其操作步骤如下:

(1)放线及灰浆的拌制:放出墙体的中心线、边线,按规定的配合比拌制好灰浆。

(2)摆砖撂底:确定组砌形式,然后进行摆砖撂底。

(3)砌筑:

①砌筑头子:要求在砌筑过程中经常检查墙体的垂直度。

②砌筑墙身:每砌一线都要求绷线要紧、铺灰要活、上跟线、下跟棱。

③砌筑时要求做到横平竖直、灰浆饱满、组砌得当、上下错缝。

④清扫场地。

3. 学生自我检查

(1)用吊线锤检查墙体的垂直度。

(2)用水平尺检查墙面的平整度。

(3)用百格网检查砂浆的饱满度。

(4)拉通线检查灰缝的平直度。

(5)填写质量检查验收表,见表4.2。

4. 教师对每组进行鉴定

5. 总结

写一份实训报告。

表 4.2　考核项目及评分标准

序号	测定项目	允许偏差	评分标准	满分/分	检测点					得分/分
					1	2	3	4	5	
1	砖、砂浆		性能指标、尺寸达不到要求无分	5						
2	轴线位移	10 mm	超过 10 mm 每处扣 1 分,超过 3 处不得分,1 处超过 20 mm 不得分	10						
3	墙面垂直度	5 mm	超过 5 mm 每处扣 1 分,超过 3 处不得分,1 处超过 10 mm 不得分	15						
4	墙面平整度	8 mm	超过 8 mm 每处扣 1 分,超过 3 处不得分,1 处超过 15 mm 不得分	15						
5	水平灰缝平直度	10 mm	10 m 之内超过 10 mm 每处扣 1 分,1 处超过 20 mm 或 3 处超过 10 mm 不得分	10						
6	水平灰缝厚度	±8 mm	10 皮砖累计超过 8 mm 每处扣 1 分,超过 3 处不得分,1 处超过 15 mm 不得分	10						
7	砂浆饱满度	80%	小于 80% 每处扣 0.5 分,5 处以上不得分	10						
8	安全文明施工		有事故无分,完工场地不清无分	10						
9	工具使用和维护		施工前后各进行 1 次检查,酌情扣分	5						
10	工效		低于定额 90% 无分,在 90% ~ 100% 酌情扣分,超过定额适当加 1~3 分	10						

6)立、嵌门窗框及门窗洞口处墙的砌筑

(1)立、嵌门窗框

①立门框。

a. 立门框前应把门框与砖墙面接触处先涂刷防腐剂,然后根据所弹墨线将门框锯口线的位置放于高出 ±0.000 的 5 mm 处。

b. 用靠尺或吊线锤校正垂直度,再用木杆或毛竹支撑固定。

②立窗框。

a.立窗框前应在框与砖墙面接触处刷防腐剂,根据皮数杆的高度或施工图的要求立放。

b.用靠尺或吊线锤校正垂直度,再用木杆或毛竹支撑固定。

③嵌木门窗框。

a.砌筑时按所弹墨线或施工图要求预留门窗洞口,洞口两侧预埋防腐木砖。

b.当墙体工程完成后,将木门窗框嵌入预留洞口内,并用铁钉或螺丝固定。

c.框与砖之间的缝隙应用1:1水泥砂浆嵌填密实。

(2)门间墙的砌筑

①先立门框的门间墙砌筑时,须将砖与框边离开3 mm左右,并带头缝砌筑(砖与门框间有砂浆),不要把门框挤得太紧而变形,门框与砖墙用燕尾木砖拉结,如图4.27(a)所示。

②后立门框的门间墙砌筑时,应根据所弹墨线砌筑,同时沿门框高度砌埋木砖,如图4.27(b)所示。

a.2 m以下的门,应在门洞每侧墙内砌埋木砖,上下2块木砖离门洞口上边3皮,下边4皮砖,中间1块木砖在上下2块木砖间取中放置。

b.2 m以上的门,应在门洞每侧墙内砌埋4块木砖,上下2块木砖距门洞口上下边3或4皮砖,中间2块在上下2块木砖间等分放置,每块木砖间距600~800 mm。

c.木砖须事先经过防腐处理,砌埋木砖时应坐浆且大头在内,小头在外。

d.金属门不用木砖,可砌埋铁件或预留铁件安装位置。

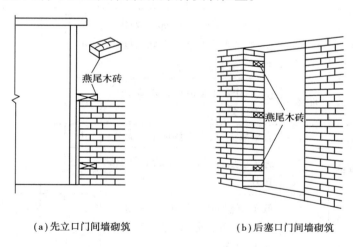

(a)先立口门间墙砌筑　　　　　　(b)后塞口门间墙砌筑

图4.27　门洞间墙体砌筑

(3)窗台砌筑

砖墙砌至窗洞口标高时就要分窗口,在砌窗间墙之前一般要砌窗台,窗台有出平砖(出60 mm厚平砖)和出虎头砖(出120 mm高侧砖)两种。出平砖的做法是在砌窗台标高下1皮砖时,两端操作者先砌2或3皮挑砖(挑砖面一般低于窗框下冒头40~50 mm,过窗角60 mm,挑出墙面60 mm),砌时应挂通线(通线挂在两头挑出60 mm砖的角砖上)。出虎头砖的办法与此相似,只是虎头砖一般是清水,要注意选砖。竖缝要披足嵌严,并且要向外出20 mm的泛水。窗台砌筑如图4.28所示。

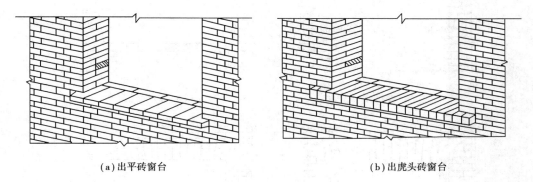

(a)出平砖窗台　　　　　　　　　　(b)出虎头砖窗台

图 4.28　窗台砌筑

(4)窗间墙砌筑

①同一轴线上的多道窗间墙应拉通线砌筑,砌筑方法与门间墙砌筑相同。

②砌筑窗间墙第一皮砖的标高要准确,防止窗口两边窗间墙两端每皮砖高度不一致。

③1.5 m 以下的木窗框,应在墙洞两侧砌埋木砖,每侧放两块,一般放在上下边的第四皮砖位置,放置木砖时应坐浆。

④砌筑时,随时用皮数杆检查窗间墙洞口标高和预埋件位置。

(5)砖过梁砌筑

砖过梁的形式有砖砌平拱梁、砖砌弧拱梁和钢筋砖过梁。其中砖砌平拱梁又可分为立砖平拱梁、斜形平拱梁和插子平拱梁 3 种,如图 4.29 所示。

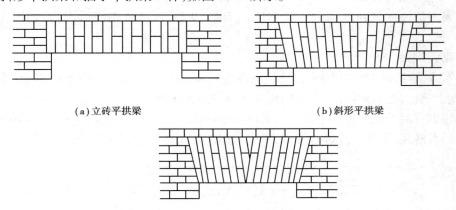

(a)立砖平拱梁　　　　　　　　　　(b)斜形平拱梁

(c)插子平拱梁

图 4.29　砖砌平拱梁形式

①砖砌平拱梁(适用于门窗洞口宽度在 1.2 m 以内且上部无集中荷载)。

a. 当墙砌到门窗洞口上时,在洞口两侧墙上留出 20 ~ 30 mm 拱肩,接着砌筑两端砖墙(即拱座)。除清水立砖平拱梁外,斜形平拱梁和插子平拱梁的拱座要逐层向上收 8 ~ 10 mm,并砌成斜坡形,一砖高的梁上端倾斜 30 ~ 40 mm,一砖半高的梁上端倾斜 50 ~ 60 mm,如图4.30(a)所示。

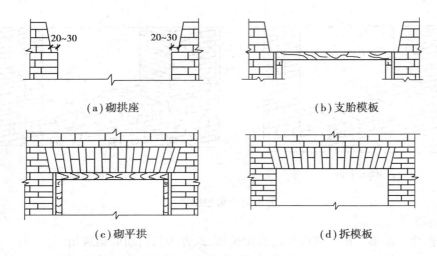

（a）砌拱座　　　　　　　　　（b）支胎模板

（c）砌平拱　　　　　　　　　（d）拆模板

图 4.30　砖砌平拱梁（单位:mm）

　　b.拱座砌到与拱同高时,开始立胎模板。先将胎模板支撑并放水平,再在胎模板上垫铺一层湿砂,梁跨中起拱高度约为跨度的 1%,然后进行试摆砖,摆砖要左右对称且砖的块数必须为单数,如图 4.30(b)所示。

　　c.砌筑时从两端拱座同时开始,用立砖与陡砖交替砌筑并向中间合拢,灰缝成楔形,上宽下窄(上口灰缝不得超过 15 mm,下口灰缝不得小于 5 mm),最后中间一块砖两面带灰从上往下挤塞,砌完后应灌浆,如图 4.30(c)所示。

　　d.拆模时应使砂浆强度达到设计强度的 50% 以上,以防砖拱变形坍落,如图 4.30(d)所示。

　　②砖砌弧拱梁。

　　a.砌筑方法与砖砌平拱梁相同,只是拱高为跨度的 1/10 ~ 1/5。当墙砌到门窗洞口拱肩标高时,支上胎模,然后砌拱座,拱座的坡度线应与胎模垂直。

　　b.拱座砌完后开始在胎模上从两端对称向中间砌砖。弧拱梁多采用一碹一卧的砌法(即砌完一层碹后灌浆,再砌一皮卧砖灌浆,再砌一层碹后灌浆),如图 4.31 所示。

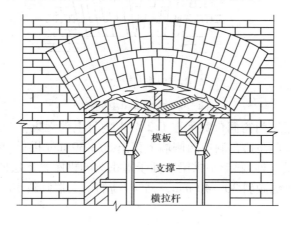

模板

支撑

横拉杆

图 4.31　一碹一卧式弧拱梁

③钢筋砖过梁砌筑:钢筋砖过梁是由钢筋与砖砌体组合而成的过梁。

a. 支模:当墙砌到门窗洞口顶面时,在洞口跨度范围内支设过梁模板,板宽同墙厚。

b. 做法:先将模板面浇水湿润,如设计无具体要求时,底面应铺设 30 mm 厚 1∶3 水泥砂浆层,中间稍高(跨度的 1/200),即起拱,再放置钢筋埋入砂浆层,然后砌第一皮砖,第一皮砖必须是丁砖。

c. 布筋:根据设计图纸要求确定布筋数量。钢筋两端伸入支座砌体内不得少于 240 mm,两端应弯成 90°的弯钩,朝上并勾在竖缝内。

d. 砌高:砖过梁的砌筑高度为跨度的 1/4,但至少不得小于 7 皮砖。过梁段的砂浆至少比墙体的砂浆高一个强度等级,或按设计要求确定。钢筋砖过梁如图 4.32 所示。

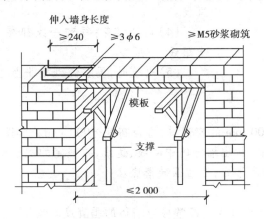

图 4.32　钢筋砖过梁(单位:mm)

练习作业

1. 窗台有_____和_____两种。

2. 砖过梁的形式有砖砌平拱梁、_____和_____。其中砖砌平拱梁又可分为_____、_____和_____3 种。

3. 砌筑钢筋砖过梁时,钢筋两端伸入支座砌体内不得少于_____mm,两端应弯成_____的弯钩,朝_____并勾在竖缝内。

4. 出平砖和出虎头砖窗台的砌筑方法是什么?

5. 简述钢筋砖过梁的砌筑做法。

实习实作

带门、窗洞口的L形转角墙的砌筑

1.活动

教师讲解示范,内容如下:

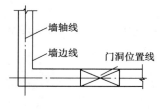

图4.33 墙身放线

（1）放出墙体的中心线、边线,如图4.33所示。

（2）按设计要求进行排砖摺底。

（3）砌筑大角:要求在砌筑过程中经常检查墙体的垂直度。

（4）砌筑墙身:每砌一线都要求绷线要紧、铺灰要活、上跟线、下跟棱。

（5）砌筑时,要求做到横平竖直、灰浆饱满、组砌得当、上下错缝。

2.实训

设有一个 900 mm × 900 mm 的窗洞口,窗台高度为900 mm。其操作步骤如下:

（1）放线及灰浆的拌制:放出墙体的中心线、边线,按规定的配合比拌制灰浆。

（2）摆砖摺底:确定组砌形式,然后摆砖摺底。

（3）砌筑:

①砌筑头子:要求在砌筑过程中经常检查墙体的垂直度。

②砌筑墙身:每砌一线都要求绷线要紧、铺灰要活、上跟线、下跟棱。

③砌筑时要求做到横平竖直、灰浆饱满、组砌得当、上下错缝。

④清扫场地。

3.学生自我检查

（1）用吊线锤检查墙体的垂直度。

（2）用水平尺检查墙面的平整度。

（3）用百格网检查砂浆的饱满度。

（4）拉通线检查灰缝的平直度。

（5）填写质量检查验收表,见表4.3。

表4.3 考核项目及评分标准

序号	测定项目	允许偏差	评分标准	满分/分	检测点					得分/分
					1	2	3	4	5	
1	砖、砂浆		性能指标、尺寸达不到要求无分	5						
2	轴线位移	10 mm	超过10 mm 每处扣1分,超过3处不得分,1处超过20 mm 不得分	10						

序号	测定项目	允许偏差	评分标准	满分/分	检测点					得分/分
					1	2	3	4	5	
3	墙面垂直度	5 mm	超过 5 mm 每处扣 1 分,超过 3 处不得分,1 处超过 10 mm 不得分	15						
4	墙面平整度	8 mm	超过 8 mm 每处扣 1 分,超过 3 处不得分,1 处超过 15 mm 不得分	15						
5	水平灰缝平直度	10 mm	10 m 之内超过 10 mm 每处扣 1 分,1 处超过 20 mm 及 3 处超过 10 mm 不得分	10						
6	水平灰缝厚度	± 8 mm	10 皮砖累计超过 8 mm 每处扣 1 分,超过 3 处不得分,1 处超过 15 mm 不得分	10						
7	砂浆饱满度	80%	小于 80% 每处扣 0.5 分,5 处以上不得分	10						
8	安全文明施工		有事故无分,完工场地不清无分	10						
9	工具使用和维护		施工前后各进行一次检查,酌情扣分	5						
10	工效		低于定额 90% 无分,在 90% ~ 100% 酌情扣分,超过定额适当加 1 ~ 3 分	10						

4. 教师对每组进行鉴定

5. 总结

写一份实训报告。

7) 楼层处墙体砌筑

①砖墙砌到楼板底时应砌成丁砖层。

②填充墙砌到框架梁底时,墙与梁底的缝隙做如下处理:对清水墙要用木楔子打紧,然后用 1∶2 水泥砂浆填嵌密实;对混水墙可用与水平面成约 60° 的斜砌砖顶紧,如图 4.34 所示。

③砖墙砌到大梁支撑处时,梁垫下的砖应砌成丁砖层,梁的两侧应直砌,根据梁的截面尺寸留出洞口,如图 4.35 所示。

④楼层上砌砖时,对预制钢筋混凝土楼板,灌好缝即可进行;对现浇钢筋混凝土楼板,须待混凝土强度达到 5 MPa 以上方可进行,并要求和板下的砖墙在同一铅垂线上,外墙水平灰缝上

下均匀一致。

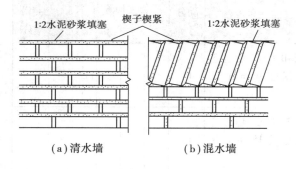

（a）清水墙　　　　（b）混水墙

图 4.34　框架梁底砖墙砌筑

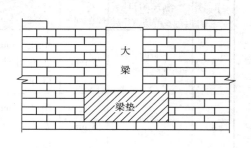

图 4.35　大梁支撑处砖墙砌筑

⑤内墙的第一皮砖应与外墙的砖层交圈,若因楼板不平,底皮灰缝小于 20 mm 厚时,应用砂浆找平;超过 20 mm 厚时,则应用细石混凝土找平。

⑥对四周的外墙应依据皮数杆向上砌筑;对内墙应先在楼面上根据引测的轴线弹好墨线,并检查所弹墨线位置是否与楼板下墙体轴线重合。

⑦楼层外墙上的门、窗、挑出构件等应与底层或下层对应构件在同一垂直线上,分口线应用线锤从下面引测上来。

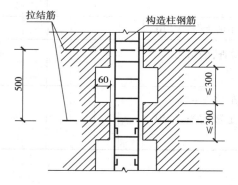

图 4.36　构造柱处大马牙槎砌筑（单位:mm）

8）构造柱处墙体砌筑

①设有钢筋混凝土构造柱的抗震多层砖房,应先绑扎钢筋,然后砌柱侧砖墙,最后支模浇注混凝土。

②钢筋混凝土构造柱上端应与本层圈梁连接,下端与下一楼层圈梁连接或伸入基础。柱侧砖墙应砌成大马牙槎,每一马牙槎沿高度方向的尺寸不应超过 300 mm,即 5 皮砖。

③大马牙槎从每层柱脚开始,应先退后进(宜四退四进,符合尺寸要求时也可五退五进),进退 60 mm。

④砖墙与构造柱之间应沿墙高每 500 mm 设置 $2\phi6$ 水平拉结筋,每边伸入墙内不少于 1 m,如图 4.36 所示。

练习作业

1.在楼层上砌砖时,现浇钢筋混凝土楼板必须待混凝土强度达到_____MPa 以上时方可进行砌筑。

2.设有钢筋混凝土构造柱的抗震多层砖房,应先_____,然后_____,最后_____。

3. 钢筋混凝土构造柱侧砖墙应砌成大马牙槎,每一马牙槎沿高度方向的尺寸不应超过_____mm。砌筑时从每层柱脚开始,应_____,进退_____mm。砖墙与构造柱之间应沿墙高每_____mm设置2φ6水平拉结筋,每边伸入墙内不少于_____m。

构造柱马牙槎的砌筑练习

1. 要求

(1)墙厚为240 mm,高度为15皮砖。

(2)一顺一丁组砌方式进行叠砌练习。

(3)构造柱设置在L形大角、T形和十字形交接处。

2. 时间

4 小时。

3. 检查、鉴定

砖墙砌筑评分表,见表4.4。

表4.4 砖墙砌筑评分表

项　　目	满分/分	评分标准	得分/分
水平灰缝砂浆饱满度	12	一组3块,平均80%以上得满分,达不到80%不得分	
外形尺寸、位置	8	第1皮砖测4个点,允许偏差±5 mm	
墙面垂直度	20	测8个点,允许偏差±5 mm	
墙面平整度	10	测4个点,允许偏差±5 mm	
墙面游丁走缝	10	测4个点,允许偏差±20 mm	
水平灰缝厚度(10皮砖累计数)	10	测4个点,允许偏差±8 mm	
墙面清洁度	10	墙面清洁、干净	
工效	10	按时完成不扣分,完成4/5以上扣4分,未达到4/5不得分	
安全	5	无安全事故	
综合印象	5	观感较好,砌筑手法正确	
总　　计	100		

4. 作业

完成实训报告。

阅读理解

山尖、封山、封檐、挑檐及女儿墙砌筑

（1）砌山尖

①坡屋顶的山墙，在砌到檐口标高时，就要往上收砌山尖。砌山尖时，先把山尖皮数杆钉在山墙中心线上，在皮数杆上的屋脊标高处钉一颗钉子，然后向前后檐拉斜线。

②砌筑时必须挂水平线，按皮数杆的皮数和斜线的标志以退踏步槎的形式向上砌筑，砌到檩条标高时，应将位置留出。有垫块或垫木时，应预先将其按标高放置，如图4.37所示。山尖砌好后就可安放檩条。

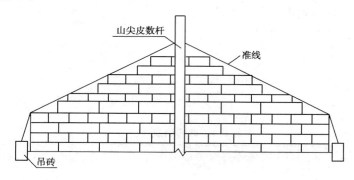

图4.37　山尖砌筑

（2）砌封山

①砌封山前，应检查山尖是否正中，房屋中间墙山尖是否在同一直线上，山墙两端檐口是否对称，符合要求后方可砌砖。

②砌平封山（砌成平面的封山）：按已放好的檩条上皮拉线，或按已钉好的望板找平砌，封山顶坡的砖要砍成楔形砌成斜坡，然后抹灰找平檩条上顶面。

③砌高封山。

a.根据图纸要求，先在靠山墙脊檩端头沿竖向钉1根皮数杆，杆上标明高封山顶部标高。

b.自皮数杆封山顶标高处，往前、后檐拉线，线的坡度应和屋面坡度一致，以此作为砌高封山的标准。

c.根据所拉斜线砌筑封山墙，如图4.38所示。若封山墙高出屋面较多时，在封山内侧200 mm高处挑出60 mm的平砖作为滴水檐。

d.封山砌完后，在墙上砌1或2层压顶出檐砖，其上抹1:2.5至1:3的水泥砂浆作为压顶。

（3）砌封檐

封檐指坡屋顶前后檐墙砌到檐口底时，先挑出2或3皮砖顶到屋面板的砌体部分。

①封檐前应检查墙身高度是否符合要求，前后两坡及左右两边是否在同一水平线上。

②砌筑前先在封檐两端挑出1或2皮砖，再顺着砖的下口拉线穿平。清水墙封檐的灰缝错开，砌挑檐砖时，头缝应披灰，同时外口应略高于里口。

（4）砌挑檐（或拔檐）

挑檐指在山墙前后檐口处，向外挑出的砖砌体。

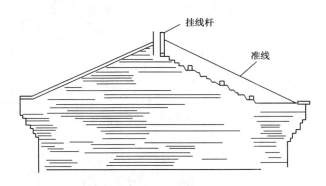

图 4.38　高封山砌筑

①砌筑挑檐用的砖,干湿应适宜。在砌筑时可将砖在水中浸一下,随浸随用。

②砌筑时宜由外向里水平靠向已砌好的砖,将立缝挤紧。放砖动作要快,砖放平后不宜再动,然后再砌 1 皮砖将其压住,如图 4.39 所示。

③砌挑出砖时,立缝要披满砂浆,水平灰缝的砂浆要外高内低,砖应选用边角整齐、色泽一致的砖,阴阳线条应均匀,不可过大或过小。

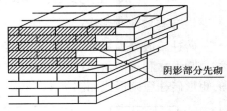

图 4.39　挑檐砌筑

(5)砌女儿墙

女儿墙指高出平屋面四周外墙上的装饰墙。

①砌筑方法:砌筑方法与墙体砌筑相同。砌完后,在墙上砌 1 或 2 层压顶出檐砖,其上抹 1∶2.5 至 1∶3 的水泥砂浆作压顶。

②防水构造。

a. 刚性防水屋面:女儿墙砌到高出屋面 2 或 3 皮砖时,收进 30~40 mm(一皮砖厚且四周贯通),便于做屋面细石混凝土时将混凝土嵌入墙内,防止渗水,如图 4.40(a)所示。

b. 油毡防水屋面:女儿墙砌到距顶层屋面板 250~300 mm 处,收进 30~40 mm(一皮砖厚且四周贯通)且在其上砌一皮向内墙面外挑出 60 mm 的砖,形成一条贯通四周的出线。做屋面防水时,可将油毡贴到凹口里,然后在抹出线时,把砂浆抹到油毡上口将油毡压住,以防渗水,如图 4.40(b)所示。

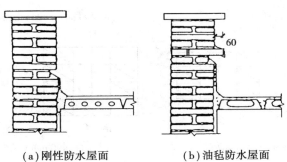

(a)刚性防水屋面　　　　(b)油毡防水屋面

图 4.40　女儿墙砌筑(单位:mm)

练习作业

1. 屋面防水构造分为_____和_____两大类。

2. 什么是女儿墙？_____。

3. 屋面女儿墙防水构造分为_____和_____两大类。

4.2　砖柱的砌筑

4.2.1　砖柱的组砌形式和组砌要求

1）砖柱的组砌形式

砖柱一般分为矩形、圆形、正多角形和异形等几种。矩形砖柱分为独立柱和附墙柱两大类。圆形柱和正多角形柱一般为独立砖柱。异形砖柱较少，现常由钢筋混凝土柱代替。常用的矩形砖柱组砌形式如图4.41所示。

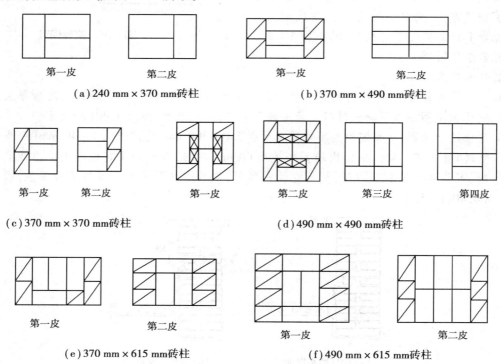

图4.41　矩形砖柱组砌形式

矩形附墙砖柱的组砌形式根据墙的厚度不同及柱的大小而定。无论哪种砌法都应使柱与墙逐皮搭接，切不可分离砌筑，搭接长度至少为1/2砖长。柱根据错缝需要，可加砌3/4砖长或1/2砖长。如图4.42所示为一砖墙上附有不同尺寸柱的砌法。

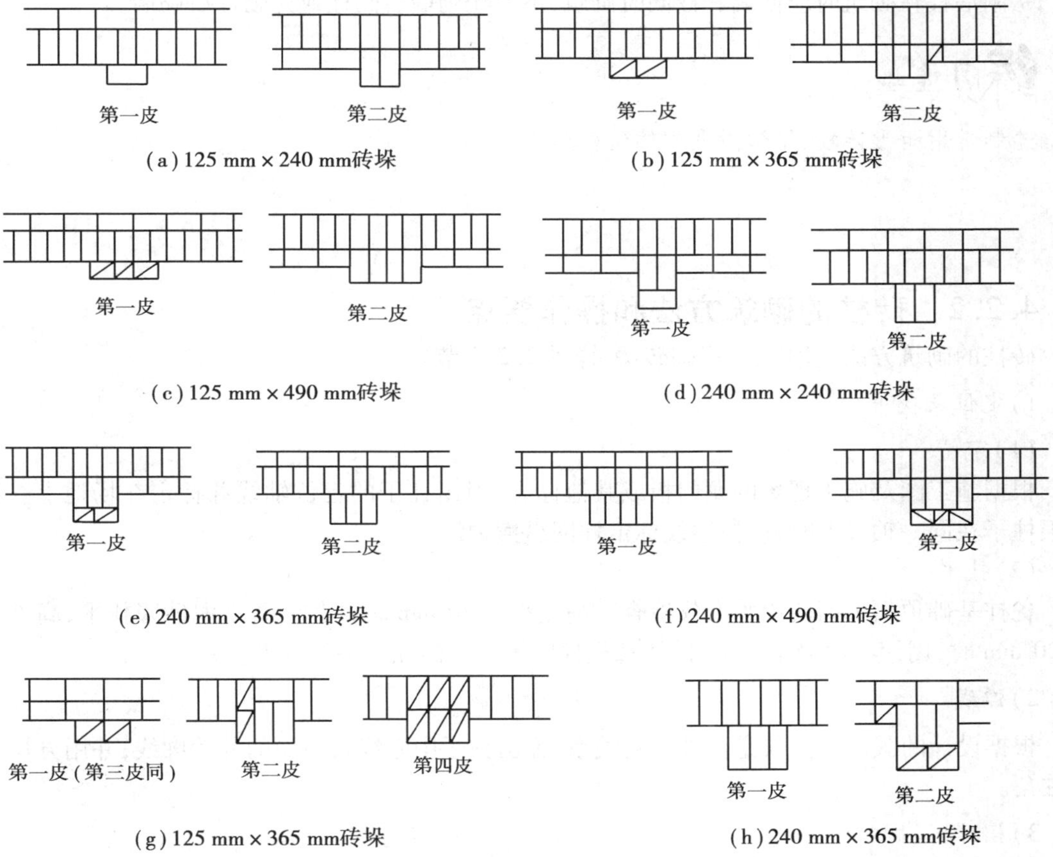

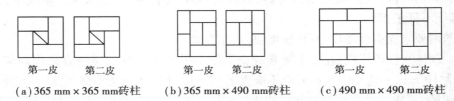

第一皮
第二皮
第一皮
第二皮
(a) 125 mm × 240 mm砖垛
(b) 125 mm × 365 mm砖垛
第一皮
第二皮
第一皮
第二皮
(c) 125 mm × 490 mm砖垛
(d) 240 mm × 240 mm砖垛
第一皮
第二皮
第一皮
第二皮
(e) 240 mm × 365 mm砖垛
(f) 240 mm × 490 mm砖垛
第一皮(第三皮同)
第二皮
第四皮
第一皮
第二皮
(g) 125 mm × 365 mm砖垛
(h) 240 mm × 365 mm砖垛

图4.42　矩形附壁柱的组砌形式

2)砖柱的组砌要求

①柱面上下皮砖的竖向灰缝应错开1/4砖长。

②柱心无通天缝。

③严禁包心砌法,即先砌四周后填心的砌法,如图4.43所示。

第一皮
第二皮
第一皮
第二皮
第一皮
第二皮
(a) 365 mm × 365 mm砖柱
(b) 365 mm × 490 mm砖柱
(c) 490 mm × 490 mm砖柱

图4.43　矩形柱错误组砌方式

④尽量少砍砖。

⑤应尽量选边角整齐、规格一致的整砖砌筑。

⑥每天工作班的砌筑高度不宜超过1.8 m,柱面不得留脚手架眼,成排的砖柱必须拉通线

砌筑,以防发生扭转和错位。

⑦附墙柱在砌筑时应使墙和柱同时砌筑,不能先砌墙后砌柱或先砌柱后砌墙。

练习作业

绘制常用矩形砖柱、矩形附壁柱的组砌形式。

4.2.2　砖柱的砌筑方法和操作要点

砖柱的砌筑方法宜用"三一"砌砖法,详见2.2.2节。

1)定位及找平

(1)定位

根据施工图及施工现场的龙门板或其他标志,引出柱子的定位轴线并标定在场地上。当多根柱子在同一轴线上时,应拉通线标定柱网纵横轴线。

(2)找平

各柱基础顶面标高要用水准仪检查。高差小于20 mm时,用1∶3水泥砂浆找平;高差大于20 mm时,用细石混凝土找平,以使每根柱的第一皮砖在同一标高上。

2)弹线

根据设计的截面尺寸与定位轴线的关系,弹出柱子中心线及截面的外轮廓线,并用方尺复准柱角。

3)摆砖

根据砖柱的截面尺寸,选择一种较为合理的组砌方式进行试摆。

4)砌筑

①立皮数杆。

②按所选择的组砌方式进行砌筑。

③质量要求及注意事项。

a.对材料的要求:应采用烧结普通砖,强度等级不低于MU10。水泥砂浆或水泥混合砂浆,强度等级不低于M5。

b.砌筑时要求无多余动作,操作速度快,动作准确。

c.砖柱砌体灰缝砂浆应饱满,水平灰缝饱满度不得小于80%。竖缝宜采用加浆方法,灰缝厚度宜为10 mm,不应小于8 mm,也不应大于12 mm,不得出现透明缝、瞎缝和假缝。

d.用线锤"三皮一吊",用塞尺和托线板"五皮一靠"检查垂直度、平整度。清水砖柱表面平整度偏差不应大于5 mm。用方尺复准柱角,水平尺复准平面水平。

e.每天工作班砌筑高度不宜超过1.8 m。

f.清水柱砌筑时,要注意两边对称,防止砌成阴阳柱。同一轴线上有多根清水柱时,要求相邻柱的外观对称一致。在砌筑过程中应先砌两边的角柱,再拉通线依次砌筑中间的砖柱。

g. 砖柱上不准留置脚手架眼。多层砖柱结构,要求上下层柱子互相对齐,防止错位砌筑。

h. 柱的位置、垂直度及尺寸允许偏差应符合表 4.5 的规定。

表 4.5　砖砌体尺寸、位置的允许偏差及检验

项次	项　目			允许偏差/mm	检验方法	抽检数量
1	轴线位移			10	用经纬仪和尺或用其他测量仪器检查	承重墙、柱全数检查
2	基础、墙、柱顶面标高			±15	用水准仪和尺检查	不应少于 5 处
3	墙面垂直度	每层		5	用 2 m 托线板检查	不应少于 5 处
		全高	≤10 m	10	用经纬仪、吊线和尺或用其他测量仪器检查	外墙全部阳角
			>10 m	20		
4	表面平整度	清水墙、柱		5	用 2 m 靠尺和楔形塞尺检查	不应少于 5 处
		混水墙、柱		8		
5	水平灰缝平直度	清水墙		7	拉 5 m 线和尺检查	不应少于 5 处
		混水墙		10		
6	门窗洞口高、宽(后塞口)			±10	用尺检查	不应少于 5 处
7	外墙上下窗口偏移			20	以底层窗口为准,用经纬仪或吊线检查	不应少于 5 处
8	清水墙游丁走缝			20	以每层第一皮砖为准,用吊线和尺检查	不应少于 5 处

5) 勾缝

①刮缝清扫柱面:每砌完一步架后进行。

②勾缝:详见 4.3 节。

练习作业

1. 砖柱上下皮砖的竖向灰缝应错开 _____ 砖长。

2. 砖柱在砌筑过程中,每天工作班的砌筑高度不宜超过_____ m,柱面不得留_____,成排的砖柱必须_____。

3. 附墙柱在砌筑时应使墙和柱同时砌筑,不能_____ 或 _____ 。

4. 用线锤"_____",用塞尺和托线板"_____"检查垂直度、平整度。清水砖柱表面平整度偏差不应大于_____ mm。

5. 砖柱砌筑时,有哪些质量要求及注意事项?

4.3 异形墙和清水墙的砌筑

问题引入

什么是异形墙？你见过异形墙的砌筑吗？异形墙的砌筑有哪些特殊要求？下面我们简单了解异形墙的砌筑。

阅读理解

异形砖的加工

1）异形砖的种类

比标准砖尺寸小或形状也不同的砖称为异形砖。异形砖有以下几种：

①常用的有七分头、半砖、二寸头、二寸条等。

②异形角砖。

③弧形砖。

④楔形砖。

2）异形砖加工工具

①砍砖工具有刨锛、瓦刀、凿子、扁凿、锤子。

②切割工具有无齿锯、手提式切割机。

③磨砖工具有电动磨光机、手工磨砖的砂轮片。

常用的异形砖加工工具如图4.44所示。

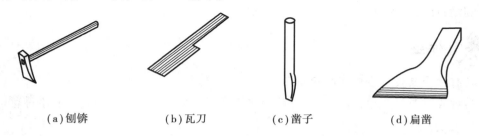

| (a) 刨锛 | (b) 瓦刀 | (c) 凿子 | (d) 扁凿 |

图4.44　常用的异形砖加工工具

3）七分头、半砖、二寸头、二寸条等的加工操作步骤

①挑砖：挑选规格标准、无裂纹、无过火、无欠火、质地紧密的整砖。

②制作样板：按照准确尺寸用纸板或层板制作样板。

③画线：将样板覆盖在砖面上画出打砖位置线。

④打砍制作:左手拿砖,右手拿刨锛,先用锛刃打在画线位置上,然后用锛头敲打砖面,使砖从打砖位置线上裂开,也可连续在位置线上打砍至砖裂开。

⑤磨光加工面:需要磨光的则可用磨光机将加工面磨光。

4)异形墙角砖及弧形砖加工操作步骤

①挑砖:挑选规格标准、无裂纹、无过火、无欠火、质地紧密的整砖。

②放线:按设计要求在实地放出异形墙中心线、墙身线。

③摆砖:根据组砌方式,在放线内进行试摆。

④制作样板:用纸板或层板,按照摆砖结果,制作异形砖样板。

⑤画线:将异形砖样板覆盖在挑选好的砖面上画出加工位置线。

⑥制作异形砖:用打砍或切割的方式沿画线加工成角砖或弧形砖。

⑦磨光:需要磨光的可以进行磨光处理。

4.3.1 异形墙的砌筑要点

1)放样制作异形墙墙角及墙面弧形套板

(1)放样

根据施工图设计的墙角角度、墙面弧度,放出局部1:1的大样。

(2)制作套板

根据大样做出墙角和弧形木套板,作为砌筑时检查墙角角度、墙面弧度的工具。

2)定位及找平

(1)定位

根据施工图及施工现场的龙门板或控制桩,引出墙体的定位轴线并标定在场地上。

(2)找平

根据 ±0.000 标高,用水准仪将基础顶面找平。高差小于 20 mm 时,用 1:3 的水泥砂浆找平;高差大于 20 mm 时,用细石混凝土找平。

3)弹线

根据施工图及现场定位轴线弹出墙体中心线和墙体边线,并用制作的套板检查墙角是否符合要求。

4)摆砖

(1)多角形墙摆砖

①试摆:根据所弹出的墨线,在墙交角处用干砖多试摆几次,选出最佳方式。摆砖方式如图 4.45 所示。

②要求:

a.错缝方式:选择可以少砍砖、收头较好、角尖处搭接合理的错缝方式。

b.错缝搭接与交角咬合:必须符合砌筑的基本规则,错缝应不小于1/4砖长。

c.异形砖:转角处加工成的异形砖要大于七分头的尺寸。

d.用制作的套板检查转角,应符合要求。

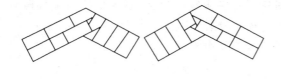 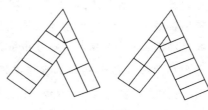

（a）钝角形式　　　　　　　　　　　（b）锐角形式

图 4.45　多角形墙摆砖方式

（2）弧形墙摆砖

①试摆：根据所弹出的墨线，在弧段内试摆几次，选出最佳方式，用弧形套板检查是否符合要求。

②要求：

a. 错缝应不小于 1/4 砖长。

b. 弧形半径较小处，采用丁砌法；弧形半径较大处，采用丁顺交错（梅花丁）砌法；弧形半径很小处，可加工成楔形砖砌筑，并使头缝达到均匀。

c. 用弧形套板检查应符合要求。

5）砌筑

（1）多角形墙砌筑

①立皮数杆：在墙的转角处竖立皮数杆。

②砌筑：根据选择的摆砖方式进行砌筑。多角形墙砌筑与直角形墙砌筑的操作方法基本相同。

③质量检查：

a. 设置固定检查点：底层 5 皮砖砌好后，在转角处的两边墙上设置 4~6 个固定检查点，作为今后检查的标记并不可随意变动位置。

b. 检查质量：每砌筑 3~5 皮砖用套板沿墙面检查异形角角度，用线锤或托线板按固定检查点位置检查垂直度。检查结果必须符合表 4.5 的规定。

（2）弧形墙砌筑

①立皮数杆：在弧度变化处或每间隔一定距离竖立皮数杆。

②砌筑：根据试摆中选择的组砌方式进行砌筑。

③质量检查：在砌筑过程中，每砌筑 3~5 皮砖，用弧形套板沿弧形墙面全面检查 1 次，用托线板或线锤在设置的几个固定检查点上检查垂直度。检查结果必须符合表 4.5 的规定，否则必须进行修整。

练习作业

1. 异形墙是指墙的转角不是＿＿＿＿＿＿＿的砖墙。一般有多角形墙、＿＿＿＿＿＿＿等形式。多角形墙的转角又分为＿＿＿＿＿＿＿和＿＿＿＿＿＿＿两种形式。

2. 异形砖是＿＿＿＿＿＿＿＿＿＿＿＿＿＿＿＿＿＿＿＿＿＿＿。

3. 多角形墙和弧形墙摆砖时有哪些要求?

4.3.2　清水墙的砌筑

问 题引入

在一些风景名胜区,我们经常看见一些建筑物是由砖、石砌筑而成的,外表没有做其他装饰,你知道这种墙是什么墙吗? 其缝又是怎样处理的? 下面我们来介绍该种墙体的砌筑。

清水墙指砖墙或石墙表面不做覆盖性的装修,仅对砖缝或石缝作简单处理,将灰缝勾抹严密,砖面直接暴露在外的墙。

砌筑清水墙是砖瓦工必备的基本功。由于清水墙不做抹灰装饰,在砌筑时,对砖面的选择、墙面的垂直、平整,灰缝等的要求,都比混水墙严格得多,因此,砖瓦工除了应具有选砖、铺灰、砌砖的基本功外,还需掌握清水墙砌筑工艺要点。

1)准备工作

(1)施工准备

清水墙要达到垂直平整、外观清晰美观,砌筑前必须进行放线检查。如轴线、边线是否兜方,各墙角处的皮数杆底标高是否一致,经检查无误后才可摆砖摞底。

(2)材料准备

清水墙对砖的外形质量比混水墙要求高,砖应达到尺寸准确,棱角方正,不缺不碎,色泽一致。砂的粒径级配应符合中砂要求,应避免颗粒过大使外墙水平灰缝不均匀而失去美观。其他材料准备和砌一般砖墙相同。

(3)操作准备

对基层应进行严格检查,如发现基层凸凹不平或高差过大,则应用C20细石混凝土找平至与皮数杆相吻合的位置。检查相配合的脚手架是否符合使用要求。按规定配合比进行砂浆拌制。砖块运到操作地点,应轻装轻卸。

2)确定组砌方法

一般清水墙的组砌形式以立面美观为原则,大多采用一顺一丁或梅花丁的组砌形式(详见图4.6、图4.7)。

3)排砖摞底

排砖是对墙角的两延伸墙(山墙或檐墙)全部进行排砖,一般遵循“山丁檐跑”,即山墙排丁砖,檐墙排条砖。同时应考虑七分头的位置是放在第一块还是放在第二块。砖与砖之间的竖向灰缝应为10 mm左右。排砖时还要考虑墙身上的窗口位置,窗间墙是否赶上砖的整数(俗称是否好活),如果安排不合适可以适当调整窗口位置10~20 mm,以使墙面排砖美观合理。摞底工作在排砖基础上进行,关键要做到保证上部砌筑灰缝均匀适当。

4)盘角

①清水墙在砌筑前应先进行大角的砌筑,在砌筑时挑选棱角方正和色泽较好的砖砌筑。

②大角处用的七分头一定要打制准确,其长度应为180 mm。有条件的可事先用砂轮锯切好。七分头长度正确,大角处的砖层竖缝才能均匀一致,达到美观的效果。

③盘砌大角的人员应相对固定,最好由下而上一个人操作,避免因经常变动人员而工艺技法不同造成大角砌筑质量不稳定。

④盘角时应做到随砌随盘,每盘一次角不要超过5皮砖,并且要随时吊靠,如发现偏差应及时纠正。还要对照皮数杆的皮数和标高砌筑,做到水平灰缝一致。

5)挂线

①挂线又称甩麻线、挂准线。砌筑墙体中间部分时,主要依靠挂线来保证砌筑质量,防止出现螺丝墙。

②一般情况下,一砖厚以下的墙,单面挂线;一砖厚以上的墙,必须双面挂线。挂线时,两端必须拴砖坠吊,使线拉紧(详见图4.25)。

6)砌筑

①砌墙时宜用"三一"砌砖法,即一铲灰、一块砖、一揉挤。砌筑的砖块必须跟着挂好的线走,俗称"上跟线,下跟棱,左右相邻要对平"。上跟线是指砖块的上棱必须紧跟挂线,一般情况下,上棱与挂线相距约1 mm;下跟棱就是砖块的下棱必须与下层砖的上棱齐平,也就是利用"穿墙"保证砖块的竖面平齐。

②砌墙时,还要有整体观念,隔层的砖缝要对直,相邻的上下层砖缝要错开,这样砌出来的砖墙才美观。工地上对这项要求的术语为防止"游丁走缝"。

③墙面是否垂直、平整是保证砖墙质量的关键。因此,砖墙砌至一步架高时,要用托线板进行全面检查。一般是"三皮一吊,五皮一靠",即砌3皮砖用线锤吊一吊墙角的垂直度,砌5皮砖用靠尺板靠一靠墙面的垂直、平整状况。如果墙面出现鼓肚,严禁用砸砖的办法来修整。

④为防止墙面灰缝出现游丁走缝,在水平间距约2 m的地方,在丁砖的立棱位置处弹上两道垂直立线,作为相隔的上下两层砖缝对齐的标准。

⑤砌筑清水墙的技术还包括选砖。拿一块砖在手中,用手掌根部将砖支起转一下,看看哪个面整齐、美观、无掉棱、无缺角,则将该面砌于外侧。选砖还要与组砌方式结合,不得在清水墙墙面出现三分头,不得在上部任意变活、乱缝。宽度小于1 m的窗间墙,应选用整砖砌筑,半砖及残砖应分散使用在墙心或受力较小的部位。

4.3.3 清水墙的勾缝

1)准备工作

(1)抠缝(划缝)

清水墙是边砌边抠灰缝,一般深8~10 mm。抠缝无专用工具,多是操作工人自制的简易工具,可用竹块或木墩头钉一颗钉子,露8~10 mm的钉头来抠去砂浆,以保证灰缝的深度。

（2）准备工具

准备工具有开卧缝用的瓦刀，开立缝用的扁子、硬木槌，勾缝用的短溜子、长溜子、托灰板、抿子等，如图4.46所示。

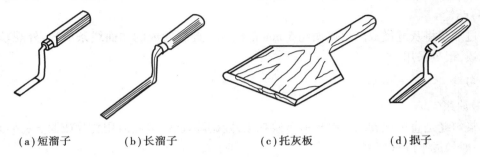

（a）短溜子　　　　（b）长溜子　　　　（c）托灰板　　　　（d）抿子

图4.46　勾缝工具

（3）调制勾缝砂浆

勾缝砂浆用细砂拌制，粒径为0.3～1.0 mm。水泥与砂的配合比为1:1.5，砂浆稠度为40～50 mm，人工随拌随用。

（4）墙面清理

①将脚手架眼清理干净并洒水湿润，用与原墙相同的砖将脚手架眼补砌严密。

②把门窗周围的缝隙用1:3水泥砂浆堵严嵌实。

③对瞎缝（缝内无砂浆）、偏斜的灰缝用扁钢凿剔凿；对缺损处的砖用1:2水泥砂浆加氧化铁红调成与墙面相似的颜色修补，俗称假砖。

④将墙面黏结的泥浆、砂浆及杂物等清除干净。

2）勾缝形式

勾缝形式主要有平缝、凹缝、斜缝、凸缝等，如图4.47所示。

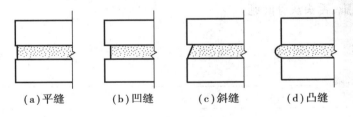

（a）平缝　　　　（b）凹缝　　　　（c）斜缝　　　　（d）凸缝

图4.47　勾缝形式

（1）平缝

操作简单，勾成的墙面平整，不易剥落和积垢，防雨水渗透作用较好，但墙面较单调。平缝有深、浅两种做法，深缝凹进墙面3～5 mm，多用于外墙面勾缝；浅缝与墙面平，多用于车间、仓库等内墙勾缝。

（2）凹缝

将灰缝砂浆全部压入缝内4～5 mm，此缝勾成的墙面立体感强，较美观，采用较多，但易受雨水渗透且耗工量大。一般适用于气候干燥地区的墙面勾缝。

（3）斜缝

将水平缝的上口砂浆压进墙面3～4 mm，下口与墙面平，使其形成斜面向上的缝。此缝操作方便，易泄水。适用于外墙面和烟囱勾缝。

（4）凸缝

通过加浆将灰缝做成凸出墙面约5 mm的凸线。此缝勾成的墙面线条清晰，外观较美，但操作麻烦，很少采用。

3）勾缝

（1）原浆勾缝

原浆勾缝是直接把砌墙时挤出的砂浆扫去，随砌随勾缝，勾勒时用竹片或溜子将砂浆压实即可，一般勾成平缝或斜缝。

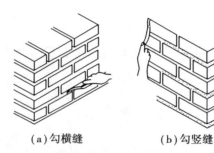

（a）勾横缝　　　　（b）勾竖缝

图4.48　加浆勾缝

（2）加浆勾缝

①勾缝前一天将墙面浇水湿透。勾缝顺序应从上而下，先勾横缝，后勾竖缝。

②勾横缝：左手拿托灰板紧靠墙面，右手拿长溜子，将托灰板顶在要勾的缝口下边，右手用溜子将灰浆填入缝内，自右向左随勾随移动托灰板。勾完一段后，再用溜子自左向右在砖缝内溜压密实，使其平整，深浅一致，如图4.48（a）所示。

③勾竖缝：左手拿托灰板顶在要勾的缝口下边，右手拿短溜子在托灰板上把灰浆刮起，填入缝中，用溜子自上而下在缝隙内溜压密实严整，如图4.48（b）所示。

④勾好的横缝和竖缝要深浅一致，交圈对口。一段墙勾完后，用笤帚扫净墙面，勾完的灰缝不应有搭接、毛疵、舌头灰等问题。

练习作业

1.什么是清水墙？_____

_____

_____。

2.清水墙砌筑工艺的要点有_____、_____、_____、_____等。

3.一般清水墙的组砌形式是以_____为原则，多采用_____或_____的组砌形式。

4.排砖是对墙角的两延伸墙（山墙或檐墙）全部进行排砖，一般遵循"_____"，即山墙排_____，檐墙排_____。

5.勾缝的形式主要有_____、_____、_____、_____等几种。勾缝顺序应_____，先勾_____，后勾_____。

清水墙的砌筑

1. 活动

教师讲解示范,内容如下:

(1)按要求放出墙体的中心线及边线。

(2)排砖撂底。

(3)砌筑头子:要求在砌筑过程中经常检查墙体的垂直度。

(4)砌筑墙身:每砌一线都要求绷线要紧、铺灰要活、上跟线、下跟棱。

(5)砌筑时要求做到横平竖直、灰浆饱满、组砌得当、上下错砖。

2. 实训

砌筑一段带有一个 600 mm×900 mm 的窗洞口,窗台高度为 600 mm 的清水墙。其操作步骤如下:

(1)放线及灰浆的拌制:按要求放出墙体的中心线及边线。

(2)摆砖撂底:确定合适的组砌形式后按放线摆砖撂底。

(3)砌筑:

①砌筑头子:要求在砌筑过程中经常检查墙体的垂直度。

②砌筑墙身:每砌一线都要求绷线要紧、铺灰要活、上跟线、下跟棱。

③砌筑时要求做到横平竖直、灰浆饱满、组砌得当、上下错缝。

④勾缝。

⑤清扫场地。

3. 学生自我检查

(1)用吊线锤检查墙体的垂直度。

(2)用靠尺检查墙的平整度。

(3)用百格网检查砂浆的饱满度。

(4)拉通线检查灰缝的平直度。

(5)填写质量检查验收表,见表4.6。

表4.6 考核项目及评分标准

序号	测定项目	允许偏差	评分标准	满分/分	检测点					得分/分
					1	2	3	4	5	
1	砖、砂浆		性能指标、尺寸达不到要求无分	5						
2	轴线位移	10 mm	超过10 mm每处扣1分,超过3处不得分,1处超过20 mm不得分	10						

续表

序号	测定项目	允许偏差	评分标准	满分/分	检测点					得分/分
					1	2	3	4	5	
3	墙面垂直度	5 mm	超过 5 mm 每处扣 1 分,超过 3 处不得分,1 处超过 10 mm 不得分	15						
4	墙面平整度	8 mm	超过 8 mm 每处扣 1 分,超过 3 处不得分,1 处超过 15 mm 不得分	15						
5	水平灰缝平直度	10 mm	10 m 之内超过 10 mm 每处扣 1 分,1 处超过 20 mm 及 3 处超过 10 mm 不得分	10						
6	水平灰缝厚度	±8 mm	10 皮砖累计超过 8 mm 每处扣 1 分,超过 3 处不得分,1 处超过 15 mm 不得分	10						
7	砂浆饱满度	80%	小于 80% 每处扣 0.5 分,5 处以上不得分	10						
8	安全文明施工		有事故无分,工完场不清无分	10						
9	工具使用和维护		施工前后各进行 1 次检查,酌情扣分	5						
10	工效		低于定额 90% 无分,在 90% ~ 100% 酌情扣分,超过定额适当加 1~3 分	10						

4. 教师对每组进行鉴定

5. 总结

写一份实训报告。

4.4 砖墙、砖柱工程质量验收规定

4.4.1 一般规定

①适用于烧结普通砖、烧结多孔砖、混凝土多孔砖、混凝土实心砖、蒸压灰砂砖、蒸压粉煤灰砖等砌体工程。

②用于清水墙、柱表面的砖,应边角整齐,色泽均匀。

③砌体砌筑时,混凝土多孔砖、混凝土实心砖、蒸压灰砂砖、蒸压粉煤灰砖等块体的产品龄期不应小于 28 d。

④有冻胀环境和条件的地区,地面以下或防潮层以下的砌体,不应采用多孔砖。

⑤不同品种的砖不得在同一楼层混砌。

⑥砌筑烧结普通砖、烧结多孔砖、蒸压灰砂砖、蒸压粉煤灰砖砌体时,砖应提前 1~2 d 适度湿润,严禁采用干砖或处于吸水饱和状态的砖砌筑。

⑦采用铺浆法砌筑砌体,铺浆长度不得超过 750 mm;当施工期间气温超过 30 ℃时,铺浆长度不得超过 500 mm。

⑧240 mm 厚承重墙的每层墙上的最上一皮砖,砖砌体的阶台水平面上及挑出层的外皮砖,应整砖丁砌。

⑨弧拱式及平拱式过梁的灰缝应砌成楔形缝,拱底灰缝宽度不宜小于 5 mm,拱顶灰缝宽度不应大于 15 mm,拱体的纵向及横向灰缝应填实砂浆;平拱式过梁拱脚下应伸入墙内不小于 20 mm;砖砌平拱过梁底应有 1% 的起拱。

⑩砖过梁底部的模板及其支架拆除时,灰缝砂浆强度不应低于设计强度的 75%。

⑪多孔砖的孔洞应垂直于受压面砌筑。半盲孔多孔砖的封底面应朝上砌筑。

⑫竖向灰缝不应出现瞎缝、透明缝和假缝。

⑬砖砌体施工临时间断处补砌时,必须将接槎处表面清理干净,洒水湿润,并填实砂浆,保持灰缝平直。

⑭夹心复合墙体砌筑时,应采取措施防止空腔内掉落砂浆和杂物;拉结件设置应符合设计要求,拉结件在叶墙上的搁置长度不应小于叶墙厚度的 2/3,并不应小于 60 mm;保温材料的浇注压力不应对砌体强度、变形及外观质量产生不良影响。

4.4.2 主控项目

①砖的强度等级必须符合设计要求。

a. 抽检数量:每一生产厂家,烧结普通砖、混凝土实心砖每 15 万块,烧结多孔砖、混凝土多孔砖、蒸压灰砂砖及蒸压粉煤灰砖每 10 万块各为一检验批,不足上述数量时按 1 批计,抽检数量为 1 组。

b. 检验方法:查砖试验报告。

②砂浆的强度等级必须符合设计要求。

a. 抽样数量:每一检验批且不超过 250 m³ 砌体的各类、各强度等级的普通砌筑砂浆,每台搅拌机应至少抽样一次。检验批的预拌砂浆、蒸压加气混凝土砌块专用砂浆,抽样可为 3 组。

b. 检验方法:查砂浆试块报告。

③砌体灰缝砂浆应密实饱满。砖墙水平灰缝的砂浆饱满度不得低于 80%;砖柱水平灰缝和竖向灰缝饱满度不得低于 90%。

a. 抽检数量:每检验批抽查不应少于 5 处。

b. 检验方法:用百格网检查砖底面与砂浆的黏结痕迹面积,每处检测 3 块砖,取其平均值。

④砖砌体的转角处和交接处应同时砌筑,严禁无可靠措施的内外墙分砌施工。在抗震设防烈度为 8 度及 8 度以上的地区,对不能同时砌筑而又必须留置的临时间断处应砌成斜槎,普通砖砌体斜槎水平投影长度不应小于高度的 2/3,如图 4.2(a)所示,多孔砖砌体的斜槎长高比

不应小于 1/2,斜槎高度不得超过一步脚手架高度。

　　a. 抽检数量:每检验批抽查不应少于 5 处。

　　b. 检验方法:观察检查。

　　⑤非抗震设防及抗震设防烈度为 6 度、7 度地区的临时间断处,当不能留斜槎时,除转角处外,可留直槎,但直槎必须做成凸槎,且应加设拉结钢筋。拉结钢筋的数量为每 120 mm 厚墙放置 1φ6 拉结钢筋(120 mm 墙厚应放置 2φ6 拉结钢筋),间距沿墙高不应超过 500 mm,且竖向间距偏差不应超过 100 mm,埋入长度从留槎处算起每边均不应小于 500 mm,对抗震设防烈度 6 度、7 度的地区,不应小于 1 000 mm,末端应有 90°弯钩,如图 4.2(b)所示。

　　a. 抽检数量:每检验批抽查不应少于 5 处。

　　b. 检验方法:观察和尺量检查。

4.4.3　一般项目

　　①砖砌体组砌方法应正确,内外搭砌,上下错缝。清水墙、窗间墙无通缝;混水墙中不得有长度大于 300 mm 的通缝,长度 200～300 mm 的通缝每间不得超过 3 处,且不得位于同一面墙体。砖柱不得采用包心砌法。

　　a. 抽检数量:每检验批抽查不应少于 5 处。

　　b. 检验方法:观察检查。砌体组砌方法抽检每处应为 3～5 m。

　　②砖砌体的灰缝应横平竖直,厚薄均匀,水平灰缝厚度及竖向灰缝宽度宜为 10 mm,但不应小于 8 mm,也不应大于 12 mm。

　　a. 抽检数量:每检验批抽查不应少于 5 处。

　　b. 检验方法:水平灰缝厚度用尺量 10 皮砖砌体高度折算;竖向灰缝宽度用尺量 2 m 砌体长度折算。

　　③砖砌体尺寸、位置的允许偏差及检验方法应符合表 4.5 的规定。

4.4.4　成品保护

　　①墙体拉结筋、构造柱等混凝土构件的钢筋、墙内预埋的电气管线等,均应注意保护,不得任意拆改或损坏。

　　②砂浆稠度应适宜,砌墙时应防止砂浆溅脏墙面。

　　③在吊运材料时应防止碰撞已砌好的砖墙。

　　④在高车架进料口周围,应用塑料薄膜或木板等遮盖,保持墙面洁净。

　　⑤尚未安装楼板或屋面板的墙和柱,当可能遇到大风时,应采取临时支撑等措施,以保证施工中墙体的稳定性。

4.4.5　应注意的质量问题

　　1)基础墙与上部墙错台

　　基础砖撂底要正确,收退大放角两边要相等,退到墙身之前要检查轴线和边线是否正确,如偏差较小可在基础部位纠正,不得在防潮层以上退台或出沿。

　　2)清水墙游丁走缝

　　排砖时必须把立缝排匀,砌完一步架高度,每隔 2 m 在丁砖立楞处用托线板吊直弹线,二步架往上继续吊直弹粉线,由底往上所有七分头的长度应保持一致,上层分窗口位置时必须同下窗口对齐。

3)灰缝大小不匀

立皮数杆时要保证标高一致,盘角时灰缝要掌握均匀,砌砖时小线要拉紧,防止一层线松、一层线紧。

4)窗口上部位缝变活

清水墙排砖时,为使窗间墙、垛排成好活,把破活排在中间或不明显位置,在砌过梁上第一皮砖时,不得随意变活。

5)混水墙粗糙

舌头灰应刮尽;半头砖不得集中使用,以免造成通缝;一砖厚墙背面易出现较大偏差,应在外手挂线砌筑;首层或楼层的第一皮砖要查对皮数杆的标高及层高,防止到顶砌成螺丝墙。

6)构造柱处砌筑不符合要求

构造柱砖墙应砌成大马牙槎,设置好拉结筋,从柱脚开始两侧都应先退后进,先退5皮砖(≥300 mm),然后进5皮砖(≥300 mm),进退深度为60 mm,以保证混凝土浇筑后与砖墙形成整体。构造柱内的落地灰、砖渣杂物必须清理干净,防止浇筑时混凝土内夹渣。

4.4.6 砖砌体工程检验批质量验收记录

为统一砖砌体工程检验批质量验收记录用表,现列出表4.7供质量验收采用。

表4.7 砖砌体工程检验批质量验收记录表

工程名称		分项工程名称			验收部位						
施工单位					项目经理						
施工执行标准名称及编号					专业工长						
分包单位					施工班组组长						
	质量验收规范的规定			施工单位检查评定记录					监理(建设)单位验收记录		
主控项目	1.砖强度等级	设计要求 MU _____									
	2.砂浆强度等级	设计要求 M _____									
	3.斜槎留置	5.2.3 条									
	4.转角、交接处	5.2.3 条									
	5.直槎拉结钢筋及接槎处理	5.2.4 条									
	6.砂浆饱满度	≥80%(墙)									
		≥90%(柱)									

续表

	质量验收规范的规定		施工单位检查评定记录						监理(建设)单位验收记录
一般项目	1. 轴线位移	≤10 mm							
	2. 垂直度(每层)	≤5 mm							
	3. 组砌方法	5.3.1 条							
	4. 水平灰缝厚度	5.3.2 条							
	5. 竖向灰缝宽度	5.3.2 条							
	6. 基础、墙、柱顶面标高	±15 mm 以内							
	7. 表面平整度	≤5 mm(清水)							
		≤8 mm(混水)							
	8. 门窗洞口高、宽(后塞口)	±10 mm 以内							
	9. 窗口偏移	≤20 mm							
	10. 水平灰缝平直度	≤7 mm(清水)							
		≤10 mm(混水)							
	11. 清水墙游丁走缝	≤20 mm							
施工单位检查评定结果			项目专业质量检查员: 项目专业质量(技术)负责人: 年 月 日						
监理(建设)单位验收结论			监理工程师(建设单位项目工程师): 年 月 日						

注:本表由施工项目专业质量检查员填写,监理工程师(建设单位项目技术负责人)组织项目专业质量(技术)负责人等进行验收。

 练习作业

1.240 mm 厚承重墙的每层墙的最上一皮砖,砖砌体的阶台水平面上及挑出层的外皮砖,应_____。

2. 砌砖工程当采用铺浆法砌筑时,铺浆长度不得超过_____mm;施工期间气温超过30 ℃时,铺浆长度不得超过_____mm。

3. 砌体水平灰缝的砂浆饱满度不得小于_____%。抽检数量:每检验批抽查不少于_____处。用百格网检查砖底面与砂浆的黏结痕迹面积,每处检测_____块砖,取其平均值。

学习鉴定

1. 填空题

(1)砌顺砖时,要依据"_____"的原则,将砖摆平;砌丁砖时,身体稍往外探,看墙面丁砖面的侧边,使其与下面所砌砖面对齐,避免"_____"。

(2)砌筑钢筋砖过深时,砖过梁的砌筑高度为跨度的_____,但至少不得小于_____。

(3)楼层处墙体砌筑时,内墙的第一皮砖应与外墙的砖层交圈,若因楼板不平,底皮灰缝小于_____mm 厚时,应用_____;超过_____mm 厚时,则应用_____。

(4)砖柱一般分为_____、_____、_____和_____等。

(5)砖柱的砌筑方法宜用_____砌砖法。

(6)清水柱砌筑时,要注意_____,防止_____。

(7)一般清水墙的组砌形式以_____为原则,多采用_____或_____的组砌形式。

(8)砌筑的砖块必须跟着挂好的线走,俗称"_____"。

(9)勾缝的形式主要有_____、_____、_____等。

(10)勾缝有_____和_____两种。

2. 问答题

(1)砖墙砌筑时对留槎有什么规定?

(2)砖墙砌筑前要做哪些准备工作?

（3）简述 240 mm 厚实心砖墙的砌筑要点。

（4）砖柱砌筑时有哪些要求？

（5）砖墙砌筑时应注意哪些质量问题？

 教学评估

教学评估见本书附录。

5　石材砌体的砌筑

本章内容简介

石材砌体砌筑前的准备工作

毛石墙体的砌筑技术及操作要领

料石墙体的砌筑技术及操作要领

石材砌体工程质量验收规定

本章教学目标

了解毛石墙体的砌筑技术

熟悉毛石墙体的砌筑要求及操作要领

了解料石墙体的砌筑技术

掌握料石墙体的砌筑要求及操作要领

观看一段视频。在视频中,将看到石材作挡墙、围墙、护坡等案例,另外,石材也可用于墙体、堤岸及公共建筑局部装饰墙等。你见过上述石材砌体吗? 你知道它们有哪些作用吗? 下面,我们就以毛石、料石墙体为例介绍石材砌体的砌筑。

5.1　砌石前的准备工作

5.1.1　砌石工具准备

砌石除需常用的砖瓦工工具外,还需一些专用工具:

①大锤:将毛石砸成适宜的块石。

②手锤:将毛石不需要的部分打掉,与凿子配合修打石料表面、修缝等。

③小撬棍:砌筑时,撬动石料。

④凿子:修打石料、清面、修缝。

⑤勾缝抿子:用来进行石砌体勾缝。

5.1.2　备料

①准备砌筑用的毛石料。

②准备砌筑用的料石。将从山上开采下来的不规则毛石进行修整做面。首先将大石块用大锤砸开,使其大小适宜(中部厚度不宜大于 150 mm,以一个人能双手抱起为宜);然后用手锤将毛石凸部和不需要的部分打掉,做出两个大致平整的面;最后加工成宽度、厚度不宜小于200 mm,长度不宜大于厚度 4 倍的料石。

③配制砌石砂浆:砌石砂浆宜用水泥砂浆或水泥混合砂浆。水泥砂浆一般用于地下施工,其强度等级不宜低于 M5;混合砂浆一般用于地上砌石,其强度等级不宜低于 M2.5。

小组讨论

将不规则毛石修整做面的目的是什么?

5.1.3　弹线、挂线

石材砌体砌筑前,应清理干净基面上的杂物,并在基面上弹出基础(或墙体)轴线及两侧边线,然后在基础(或墙体)两端或转角处立皮数杆,在两皮数杆之间拉准线,如图 5.1 所示。

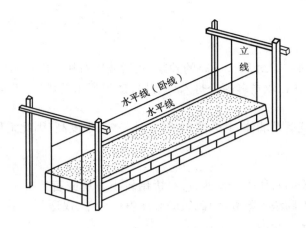

图5.1　墙身弹线及拉准线

练习作业

1. 砌石常用工具有＿＿＿＿＿＿、＿＿＿＿＿＿、＿＿＿＿＿＿、＿＿＿＿＿＿和勾缝抿子。
2. 石砌体基础用＿＿＿＿＿＿＿＿砂浆砌筑,其强度等级不宜低于＿＿＿＿＿＿。
3. 料石的厚度不宜小于＿＿＿＿＿＿＿mm,长度不宜大于＿＿＿＿＿＿＿mm。

5.2　毛石墙体的砌筑

5.2.1　毛石墙体的砌筑技术

1)毛石墙体的组砌形式

毛石墙体的组砌形式分为丁顺分层组砌法、丁顺混合组砌法、交错混合组砌法3种,适用于石料中既有毛石又有条石和块石的情况,如图5.2至图5.4所示。

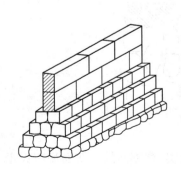

图5.2　丁顺分层组砌

图5.3　丁顺混合组砌

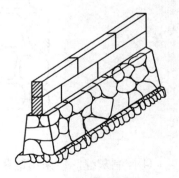

图5.4　交错混合组砌

2）毛石墙体的砌筑方法

（1）铺浆挤砌法

铺浆挤砌法是先铺一层约 30 mm 厚的砂浆，然后放置石块，使部分砂浆被挤出，砌平一线后将砂浆灌入石缝中，并在较宽缝隙处打入小石块，挤出多余的砂浆，然后再铺浆砌筑上一层石块。

用铺浆挤砌法砌筑毛石墙体，其砂浆饱满，整体性好，强度高，因此工程中常用此法砌筑毛石砌体。

（2）干砌法

干砌法是先将较大的石块进行排放，边排边用较小石块或石片嵌垫，逐层砌筑，砌成后用水泥砂浆勾嵌石缝。干砌法工效高，但砌筑的墙体整体性差，仅适用于受力较小的墙体。

3）毛石墙体砌筑工艺流程

准备工作→选择组砌形式→确定砌筑方法→砌筑→收尾。

5.2.2　毛石墙体的砌筑要求及操作要领

1）毛石墙体的砌筑要求

①做好选石工作。选石是从石料中选取适宜于应砌部位大小的石块，所用毛石应无风化剥落和裂纹，无细长扁薄和尖锥，毛石应呈块状，其中部厚度不宜小于 150 mm。注意要大小石块搭配使用于整个墙体。

②试摆毛石。根据施工图纸进行定位放线并试摆毛石。注意大面平放，斜口朝内，里外搭接。每一块至少有 4 个缝线与上下左右其他石块直接叠靠，且叠靠缝居于石块的外半部，选择较大整齐面朝外。

③坐浆卧砌。毛石墙体宜分皮卧砌，错缝搭砌，搭接长度不得小于 80 mm。内外搭砌时，不得采用外面侧立石块中间填心的砌筑方法，中间不得有铲口石、斧刃石和过桥石，如图 5.5 所示。毛石墙体的第一皮及转角处、交接处和洞口处，应采用较大的平毛石砌筑。

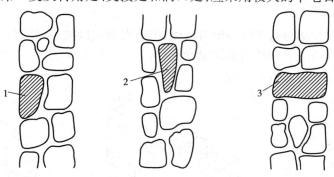

图 5.5　铲口石、斧刃石和过桥石示意图
1—铲口石；2—斧刃石；3—过桥石

④控制灰缝。应采用铺浆法砌筑，毛石墙体的灰缝应饱满密实，叠砌面的粘灰面积应大于80%，表面灰缝厚度不宜大于 40 mm，石块间不得有相互抵触现象。石块间较大的空隙应先填塞砂浆，后用碎石块嵌实，不得采用先摆碎石后填塞砂浆或干填碎石块的方法。

⑤设置拉结石。毛石墙体应设置拉结石,拉结石应均匀分布,相互错开。毛石基础同皮内宜每隔 2 m 设置 1 块,毛石墙应每 0.7 m² 墙面至少设置 1 块,且同皮内的中距不应大于 2 m,如图 5.6(a)所示。当基础宽度或墙厚不大于 400 mm 时,拉结石的长度应与基础或墙厚相同;当基础宽度或墙厚大于 400 mm 时,可用两块拉结石内外搭接,搭接长度不应小于 150 mm,且其中一块长度不应少于基础宽度或墙厚的 2/3,如图 5.6(b)所示。

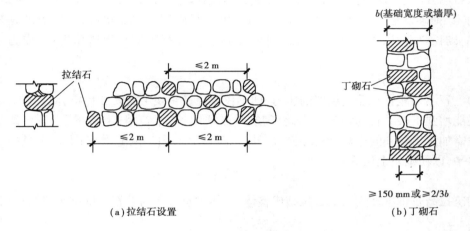

（a）拉结石设置　　　　　　　　（b）丁砌石

图 5.6　拉结石

⑥毛石墙的转角处和交接处应同时砌筑,且各层石块应互相压搭。砌筑时,不应出现通缝、干缝、空缝和空洞。对不能同时砌筑又需留置的临时间断处,应砌成斜槎。

⑦毛石墙应分层砌筑找平,每天砌筑高度不得大于 1.2 m。

⑧毛石、料石和实心砖的组合墙中,毛石、料石砌体与砖砌体应同时砌筑,并应每隔 4~6 皮砖用 2~3 皮丁砖与毛石砌体拉结砌合,如图 5.7 所示。毛石与实心砖的咬合尺寸应大于 120 mm,两种砌体间的空隙应采用砂浆填满。

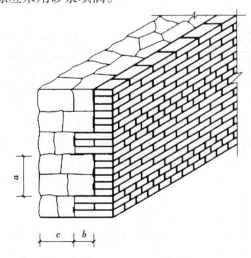

图 5.7　毛石与实心砖组合墙示意图
a—拉结砌合高度;b—拉结砌合宽度;c—毛石墙的设计厚度

⑨毛石挡土墙,除应符合以上要求外,还应按照设计要求收坡或收台,并应设置伸缩缝和泄水孔。

2)毛石墙体的砌筑操作要领

毛石墙体的砌筑操作要领可归纳为"搭、压、拉、槎、垫"5个字。

(1)搭

砌清水石墙或混水石墙时,都必须双面挂线,里外搭脚手架,两面有人同时操作。砌筑时,一般多采用"穿袖砌筑法",即外皮砌一块长块石,里皮则应砌一块短块石;下层砌的是短块石,上层则应砌长块石,以便确保毛石墙的里外皮和上下层石块都互相错缝搭接,成为一个整体。

(2)压

砌好的毛石墙要能够承受上层墙的压力,即不仅要保证每块毛石安放稳定,而且在上层压力作用下还能增强下层毛石的稳定。因此,砌筑时必须做到"下口清,上口平"。下口清是指上墙的石块需加工出整齐的边棱,砌完后保证外口灰缝均匀,内口灰缝严密;上口平是指所留槎口里外要平,以便砌筑上层毛石。

(3)拉

通过砌筑拉结石将里外皮的毛石拉结成整体,具体砌筑方法与毛石基础砌筑拉结石相同。

(4)槎

砌筑时留槎,即要给上层毛石砌筑留出适宜的槎口。槎口应保证对接平整,上下层毛石严密咬槎,既达到墙面组砌美观,又提高砌体的强度。留槎时不准出现重缝、三角缝和硬蹬槎,如图5.8所示。

(5)垫

砌筑时,加小石片支垫是确保毛石墙稳定的重要措施之一。垫石片时,一定要垫在毛石的外口处,并且要使石片上下粘满灰浆,不准干垫,如图5.9所示。

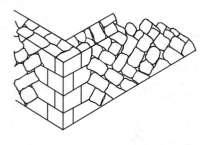

图5.8 槎

图5.9 垫

练习作业

1. 毛石墙体灰缝宽度宜为 _____ mm,超过宽度的石缝在铺砂浆后应用 _____ 或 _____ 嵌实。

2. 毛石墙体设置拉结石是为了 _____ ,拉结石长度应大于等于 _____ 。

3. 毛石墙体每天砌筑高度不宜超过_____。

4. 毛石墙体砌筑操作要领为_____、_____、_____、_____、_____。

5. 毛石墙体的组砌法有_____。

6. 毛石墙体有_____和_____两种砌筑方法。

5.3 料石墙体的砌筑

5.3.1 料石墙体的砌筑技术

1）料石墙体的组砌形式

（1）全顺叠砌

上下两皮竖缝相互错开 1/3 ~ 1/2 料石长度，如图 5.10 所示。

（2）丁顺叠砌

上下两皮丁顺相间，先丁后顺，竖缝错开长度不小于 1/4 料石长度，如图 5.11 所示。

（3）丁顺组砌

同皮内丁顺相间，上皮丁石要砌在下皮顺石的中部，上下皮竖缝错开长度不小于 1/4 料石长度，如图 5.12 所示。

（4）二顺一丁

下层先砌一皮丁石，丁石上连续砌两皮顺石，竖缝错开长度不小于 1/4 料石长度。

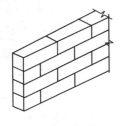

图 5.10　全顺叠砌

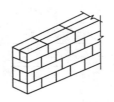

图 5.11　丁顺叠砌

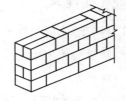

图 5.12　丁顺组砌

2）料石墙体的砌筑方法

料石墙体常采用铺灰挤砌法。铺灰挤砌法是将要砌筑的料石试摆在砌筑位置上，在料石的四角用 4 块石片垫平，然后搬开料石，在砌面上铺满砂浆（铺浆厚度应高出垫石 3 ~ 8 mm），砌上刚搬开的料石，并用手锤敲击，使料石稳定，再在料石下口灰缝内间隔 150 mm 左右打入石片(石片应伸入料石边内 10 mm 以上,以便墙面勾缝)。

3)料石墙体的砌筑工艺顺序

准备工作→选择组砌形式→确定砌筑方法→试摆→铺灰砌筑→勾缝→收尾。

5.3.2 料石墙体的砌筑要求及操作要领

1)料石墙体的砌筑要求

①料石墙应采用铺浆法砌筑,砂浆应饱满,叠砌面的粘灰面积应大于80%。

②料石墙宜从转角处和交接处开始砌筑,再依准线砌筑中间墙体,每天砌筑高度不得大于1.2 m。

③料石墙的转角处和交接处应同时砌筑。对不能同时砌筑而又需留置的临时间断处,应砌成斜槎。

④料石砌体的水平灰缝应平直,竖向灰缝应宽窄一致,其中细料石砌体灰缝不宜大于5 mm,粗料石和毛料石砌体灰缝不宜大于20 mm。

⑤料石墙的第一皮及每个楼层的最上一皮应丁砌。

2)料石墙体的砌筑要领

料石墙体的砌筑要领归纳为"铺、垫、敲"3个字。

(1)铺

铺灰厚度应略高出规定灰缝厚度。细料石、半细料石宜高出 3～5 mm;粗料石、毛料石宜高出 6～8 mm。

(2)垫

在试摆料石时,根据料石平整度、灰缝厚度,在料石四角用4块石片将料石垫平,然后移开料石并铺浆,将料石原位砌筑平稳后,再沿料石下灰缝每隔150 mm打入垫石。

(3)敲

每块料石砌上后需用手锤轻轻敲击使其平稳牢固,然后清理挤出的砂浆。

练习作业

1.料石墙体的组砌形式有_____、_____和_____ 3种。

2.料石墙体的砌筑工艺流程:准备工作→_____ →_____ →_____ →_____ →勾缝→收尾。

3.毛料石和粗料石砌体灰缝厚度不大于_____ mm,半细料石砌体灰缝厚度不大于_____ mm,细料石砌体灰缝厚度不宜大于_____ mm。料石砌体灰浆饱满度不应小于_____ 。

4.什么是铺灰挤砌法?

490 mm 厚直线粗料石墙体丁顺组砌

1. 活动

教师讲解示范,内容如下:

(1)放出料石墙体的轴线、边线。

(2)试摆料石。

(3)立皮数杆挂线砌筑。

(4)砌筑中要求做到横平竖直、灰浆饱满、内外搭接、上下错缝。

(5)勾缝。

2. 实训

完成长 2 490 mm、高 1 000 mm、厚 490 mm 直线粗料石墙的丁顺叠砌。其操作步骤如下:

(1)放线及灰浆的拌制:放出墙体的轴线、边线。

(2)试摆粗料石。

(3)砌筑:

①砌筑头子:要求在砌筑过程中经常检查墙体的垂直度。

②砌筑墙身:要求做到横平竖直、灰浆饱满、内外搭接、上下错缝。

③勾缝。

④清扫场地。

3. 学生自我检查

(1)用吊线锤检查墙体的垂直度。

(2)用靠尺检查墙体的平整度。

(3)用百格网检查砂浆的饱满度。

(4)拉通线检查灰缝的平直度。

(5)填写质量检查验收表,见表5.1。

4. 教师对每组进行鉴定

表 5.1　考核项目及评分标准

序号	测定项目	允许偏差	评分标准	满分/分	检测点 1	2	3	4	5	得分/分
1	半细料石、砂浆		性能指标、尺寸达不到要求无分	5						
2	轴线位移	10 mm	超过 10 mm 每处扣 1 分,超过 3 处不得分,1 处超过 20 mm 不得分	10						

续表

序号	测定项目	允许偏差	评分标准	满分/分	检 测 点					得分/分
					1	2	3	4	5	
3	墙面垂直度	7 mm	超过 5 mm 每处扣 1 分,超过 3 处不得分,1 处超过 20 mm 不得分	15						
4	墙面平整度	10 mm	超过 10 mm 每处扣 1 分,超过 3 处不得分,1 处超过 15 mm 不得分	15						
5	水平灰缝平直度	10 mm	10 m 之内超过 10 mm 每处扣 1 分,1 处超过 20 mm 及 3 处超过 10 mm 不得分	15						
6	砂浆饱满度	80%	小于 80% 每处扣 0.5 分,5 处以上不得分	15						
7	安全文明施工		有事故无分,完工场不清无分	10						
8	工具使用和维护		施工前后各进行 1 次检查,酌情扣分	5						
9	工效		低于定额 90% 无分,在 90% ~100% 的酌情扣分,超过定额加 1~3 分	10						

5.4 石材砌体工程质量验收规定

5.4.1 一般规定

①石砌体采用的石材应质地坚实,无裂纹和无明显风化剥落。用于清水墙、柱表面的石材,尚应色泽均匀。石材放射性经检验,其安全性应符合国家标准《建筑材料放射性核素限量》(GB 6566—2010)的有关规定。

②石材表面的泥垢、水锈等杂质,砌筑前应清除干净。

③砌筑毛石基础的第一皮石块应坐浆,并将大面朝下;砌筑料石基础的第一皮石块应用丁砌层坐浆砌筑。

④毛石砌体的第一皮及转角、交接和洞口处,应用较大的平毛石砌筑。每个楼层(包括基础)砌体的最上一皮,宜选用较大的毛石砌筑。

⑤毛石砌筑时,对石块间存在的较大缝隙,应先向缝内填灌砂浆并捣实,然后用小石块嵌填,不得先填小石块后填灌砂浆,石块间不得出现无砂浆相互抵触的现象。

⑥砌筑毛石挡土墙应按分层高度砌筑,每砌 3~4 皮为一个分层高度,每个分层高度应将顶层石砌平,两个分层高度间分层处错缝不得小于 80 mm。

⑦料石挡土墙,当中间部分用毛石砌筑时,丁砌料石伸入毛石部分的长度不应小于 200 mm。

⑧毛石、毛料石、粗料石、细料石砌体灰缝厚度应均匀。毛石砌体外露面的灰缝厚度不宜大于 40 mm;毛料石和粗料石砌体的灰缝厚度不宜大于 20 mm;细料石砌体的灰缝厚度不宜大于 5 mm。

⑨挡土墙的泄水孔当设计无规定时,在挡土墙每米高度上间隔 2 m 左右设置一个泄水孔,泄水孔应均匀设置。泄水孔与土体间应铺设长宽各为 300 mm、厚 200 mm 的卵石或碎石作疏水层。

⑩挡土墙内侧回填土必须分层夯填,分层松土厚度宜为 300 mm。墙顶土面应有适当的坡度使流水流向挡土墙外侧。

⑪在毛石和实心砖的组合墙中,毛石砌体与砖砌体应同时砌筑,并每隔 4~6 皮砖用 2~3 皮丁砖与毛石砌体拉结砌合,两种砌体间的空隙应填实砂浆。

⑫毛石墙和砖墙相接的转角处和交接处应同时砌筑。转角处、交接处应自纵墙(或横墙)每隔 4~6 皮砖的高度引出不小于 120 mm 与横墙(或纵墙)相接。

5.4.2 主控项目

1)石材及砂浆强度等级必须符合设计要求

(1)抽检数量

同一产地的同类石材抽检不应少于 1 组。砂浆试块按每一检验批且不超过 250 m³ 砌体的各类、各强度等级的砂浆,每台搅拌机应至少抽样一次。

(2)检验方法

料石检查产品质量证明书,石材、砂浆检查试块试验报告。

2)砌体灰缝的砂浆饱满度不应小于 80%

(1)抽检数量

每检验批抽查不应少于 5 处。

(2)检验方法

观察检查。

5.4.3 一般项目

1)石砌体尺寸、位置的允许偏差及检验方法

石砌体尺寸、位置的允许偏差及检验方法应符合表 5.2 的规定。

抽样数量:每检验批抽查不应少于 5 处。

表5.2　石砌体尺寸、位置的允许偏差及检验方法

项次	项目		允许偏差/mm							检验方法
			毛石砌体		料石砌体					
					毛料石		粗料石		细料石	
			基础	墙	基础	墙	基础	墙	墙、柱	
1	轴线位置		20	15	20	15	15	10	10	用经纬仪和尺检查,或用其他测量仪器检查
2	基础和墙砌体顶面标高		±25	±15	±25	±15	±15	±15	±10	用水准仪和尺检查
3	砌体厚度		+30	+20 −10	+30	+20 −10	+15	+10 −5	+10 −5	用尺检查
4	墙面垂直度	每层	—	20	—	20	—	10	7	用经纬仪、吊线和尺检查或用其他测量仪器检查
		全高	—	30	—	30	—	25	10	
5	表面平整度	清水墙、柱	—	—	—	20	—	10	5	细料石用2 m靠尺和楔形塞尺检查,其他用两直尺垂直于灰缝拉2 m线和尺检查
		混水墙、柱	—	—	—	20	—	15	—	
6	清水墙水平灰缝平直度		—	—	—	—	—	10	5	拉10 m线和尺检查

2)石砌体的组砌形式应符合的规定

①内外搭砌,上下错缝,拉结石、丁砌石交错设置。

②毛石墙拉结石每0.7 m² 墙面不应少于1块。

③检查数量:每检验批抽查不应少于5处。

④检验方法:观察检查。

练习作业

1.砌筑毛石基础的第一皮石块应坐浆,并将_____ 面向下;砌筑料石基础的第一皮石块应用_____形式坐浆砌筑。

2.石砌体的组砌形式应符合哪些规定?

习鉴定

1. 填空题

(1) 毛石墙体的组砌形式有＿＿＿＿＿＿、＿＿＿＿＿＿、＿＿＿＿＿＿。

(2) 毛石墙体的砌筑方法有＿＿＿＿＿＿和＿＿＿＿＿＿两种。

(3) 毛石墙体的砌筑工艺流程：准备工作→＿＿＿＿＿＿→＿＿＿＿＿＿→
＿＿＿＿＿＿→收尾。

(4) 毛石墙体设置拉结石的间距不宜超过＿＿＿＿＿m，且每＿＿＿＿＿m² 墙面至少设置
＿＿＿＿＿块拉结石。

(5) 毛石墙体砌筑的操作要领是＿＿＿＿＿＿＿＿＿＿＿＿＿＿＿＿＿＿＿。

(6) 料石墙体的组砌形式有＿＿＿＿＿、＿＿＿＿＿、＿＿＿＿＿。

(7) 料石墙体宜从＿＿＿＿＿＿开始砌筑。每天砌筑高度不宜超过＿＿＿＿＿m。

(8) 料石墙体的砌筑要领是＿＿＿＿＿、＿＿＿＿＿、＿＿＿＿＿。

(9) 料石墙体常用的砌筑方法是＿＿＿＿＿＿。

2. 问答题

(1) 简述毛石墙体的砌筑要求及操作要领。

(2) 简述料石墙体的砌筑要求及操作要领。

(3) 石材砌体工程质量验收的一般规定是什么？

教学评估

教学评估见本书附录。

6 砌块墙的砌筑

本章内容简介

中小型砌块砌体的施工工艺和操作要点

混凝土芯柱的构造要求及施工规定

中小型空心砌块砌体工程质量验收规定

本章教学目标

掌握中小型砌块墙的施工工艺和操作要点

能进行中小型砌块的组砌

熟悉混凝土芯柱的构造要求及施工规定

能进行混凝土芯柱的施工操作

了解中小型空心砌块砌体工程质量验收规定

通过观看视频,可以看到一些新的墙体材料——砌块,它的体积比普通砖要大。那么,它是由什么材料加工而成的? 它与普通砖墙相比,有什么优势? 如何利用砌块砌筑墙体? 下面就介绍墙体改革的产物——砌块,以及用它砌筑墙体的知识。

砌块是墙体材料中的一种。砌块砌筑方便、灵活,对建筑物的平面和空间变化适应性强,能满足建筑设计变化的要求。砌块可以充分利用地方材料和工业废料做原料,如碎石、卵石、砂、浮石、粉煤灰、炉渣、煤矸石等。

另外,砌块的规格可根据地区的自然条件、气候特点和施工能力来选择,便于利用中小型施工机具施工。因此,在大、中、小城市及农村都比较适用。一般把砌块高 380 ~ 940 mm 的称中型砌块,把砌块高小于 380 mm 的称小型砌块。

6.1 中小型砌块砌体的施工

6.1.1 施工准备

1)砌块进场验收及堆放

①砌块出厂和进入施工现场,应按有关国家标准进行验收。验收项目包括砌块的等级、标记、相对含水率、抗渗性、抗冻性等指标,以及砌块的检验报告、砌块的产品出厂合格证、材料准用证等。对进场的砌块应随机抽样进行外观质量复验和抗压强度复验。

②装卸砌块时,严禁倾卸丢掷,应整齐堆放。运到现场的砌块,应按不同规格和强度等级分别堆放整齐,堆垛上应设标志,堆放场地必须平整,并做好排水。其堆放高度不宜超过1.6 m,堆垛之间应保留一定宽度的运输通道。堆垛上要设有防雨措施,防止砌块受潮,否则砌筑后易引起墙体收缩开裂。

2)施工放线准备

①基础施工前,应用钢尺校核房屋的放线尺寸,其允许偏差不应超过表 6.1 的规定,并按照设计图纸的要求弹好墙体轴线、中心线和墙体边线。

②砌筑前应根据设计图纸、绘制墙体砌块排列图,计算出各种不同规格砌块的数量,如图6.1 所示。

③砌筑前应根据排列图画出并制作皮数杆。

表6.1　放线尺寸的允许偏差

长度 L、宽度 B/m	允许偏差/mm	长度 L、宽度 B/m	允许偏差/mm
≤30	±5	>60 且≤90	±15
>30 且≤60	±10	>90	±20

3)材料准备

(1)砌块的准备和要求

①砌块应按排列图的规格、数量运至每道墙的脚手架上。

②严禁使用断裂砌块和壁肋中有凹形裂纹的砌块,且不得与黏土砖或其他材质的块体混合砌筑。

③龄期不足 28 d 及潮湿的砌块,不得进行砌筑。

④严禁对砌块进行浇水、浸水湿润,当天气干热时,可稍微喷水湿润,现场设有防水、排水措施。轻骨料混凝土空心砌块,宜提前 2 d 以上适当浇水湿润。

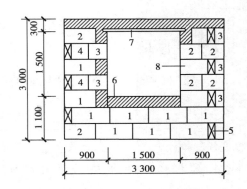

图 6.1　砌块墙体排列图
1—主规格砌块;2,3,4—副规格砌块;
5—顶砌砌块;6—镶砖;7—过梁;8—顺砌砌块

⑤应尽量使用主规格砌块,砌块的强度等级应符合设计要求。

⑥应清除砌块表面污物和芯柱用砌块孔洞底部的毛边。芯柱必须保证 120 mm × 120 mm 的孔洞尺寸,多用半封底砌块,砌筑时应将芯柱的飞边打掉,并清除砌块表面的污物和毛边,以保证孔洞贯通。

(2)砌筑砂浆的准备和要求

砂浆的配制与砖砌体相同。

4)技术交底

在砌块砌体工程施工前,应将施工组织设计及砌块建筑的特点,墙体排块图、砌筑砂浆、芯柱混凝土、墙体构造技术要求、施工方法、质量标准、检验方法等向施工人员、工长、质检员、材料员等有关人员进行全面的技术交底,并对施工人员进行 2~3 d 的技术培训,使之掌握施工规程和操作方法。

5)劳动组织

砌块砌体工程施工劳动组织有以下几种形式:

(1)按砖砌体工程施工的劳动组织形式

该形式的主导工种是瓦工,配有木工、钢筋工、吊装工、架子工等组成混合施工队进行分段流水施工。主导工序是砌墙。

(2)组织混合班组

该形式以瓦工为主导工种,再配备其他工人组成混合班组来完成其他工序的施工。例如,某建筑施工单位,安排32人组成2个混合班组,每组16人,砌筑进度按3 d一层,第一天砌墙,第二天浇筑芯柱和圈梁,第三天吊装楼板。

(3)塔吊组织专业施工队

如某12层砌块住宅施工,配以1台轻型塔吊,并由19名瓦工、3名木工、1名架子工、1名电焊工、2名工长、1名材料员组成施工专业队,每1 m²墙体按0.4个工日考虑,取得了良好的施工效果。

练习作业

1.一般把砌块高380～940 mm的称_____砌块;把砌块高小于380 mm的称_____砌块。

2.砌块的堆放高度不宜超过_____m,堆垛之间应保留一定宽度的运输通道。

3.龄期不足_____d及_____的砌块,不得进行砌筑。

4.砌块砌体工程施工劳动组织有_____、_____、_____3种形式。

6.1.2 砌筑要求及规定

1)基础砌筑

①底层室内地面以下或防潮层以下砌体,应采用水泥砂浆砌筑的砌块砌体的孔洞,应用不低于Cb20或C20的细石混凝土灌实;芯柱或孔洞中插筋应安放就位,不得遗漏。

②基础墙上部的钢筋混凝土地梁施工:基础墙施工到地梁标高处,应找平、验线、支模、绑扎钢筋、浇筑混凝土;在浇筑混凝土前,应安置好地梁上的预埋插筋,并与上部砌块芯孔中插筋相连,地梁上表面应做好刚性防潮层。

③进行基础及基础墙的隐蔽工程验收。

④砌完基础后,应由两侧同时填土,并分层夯实。当其两侧的填土高度不等或只能在一侧填土时(如地下室外墙等),其填土时间、施工方法、施工顺序应保证砌体不致破坏或变形。

2)墙体砌筑

①砌筑墙体时应遵守基本规定。

a.龄期不足28 d及潮湿的砌块不得进行砌筑。

b.应在房屋四角或楼梯间转角处设立皮数杆,皮数杆间距不宜超过15 m。

c.应尽量采用主规格砌块,砌块的强度等级应符合设计要求,并应清除砌块表面污物和芯柱用砌块孔洞底部的毛边。

d.从转角或定位处开始,内外墙同时砌筑,纵横墙交错搭接。外墙转角处严禁留直槎,宜从两个方向同时砌筑;墙体临时间断处应砌成斜槎,斜槎水平投影长度不应小于斜槎高度的2/3(一般按一步脚手架高度控制)。如留斜槎有困难,除外墙转角处及抗震设防地区,墙体临时间断处不应留直槎外,可从墙面伸出200 mm砌成阴阳槎,并沿墙高每三皮砌块(600 mm),设拉结筋或钢筋网片。接槎部位宜延至门窗洞口,如图6.2所示。

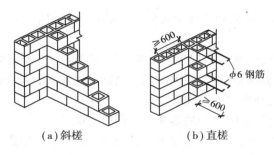

(a)斜槎　　　　　　(b)直槎

图6.2　砌块墙体接槎(单位:mm)

e.应对孔错缝搭砌。当个别情况无法对孔砌筑时,普通混凝土砌块的搭接长度不应小于90 mm,轻骨料混凝土砌块的搭接长度不应小于120 mm。当不能保证此规定时,应在灰缝中设置拉结钢筋或网片,如图6.3所示。

f.承重墙体不得采用砌块与黏土砖等其他块体材料混合砌筑。

h.严禁使用断裂砌块或壁肋中有竖向凹形裂缝的砌块砌筑承重墙体。

②砌体的灰缝应符合规定。

a.砌体灰缝应横平竖直,全部灰缝均应铺填砂浆;水平灰缝和竖向灰缝的砂浆饱满度按净面积计算不得低于90%;竖直灰缝的砂浆饱满度不得低于80%;砌筑中不得出现瞎缝、透明缝。砂浆强度未达到设计要求的70%时,不得拆除过梁底部的模板。

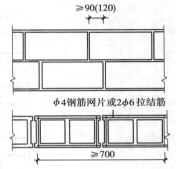

图6.3　空心砌块墙体拉结
钢筋或钢筋网片的设置(单位:mm)

b.砌体的水平灰缝厚度和竖直灰缝宽度应控制在8~12 mm,砌筑时的铺灰长度不得超过800 mm;严禁用水冲浆灌缝。

c.当缺少辅助规格砌块时,墙体通缝不应超过两皮砌块。

d.清水墙面应随砌随勾缝,并要求光滑、密实、平整。

e.拉结钢筋或网片必须放置在灰缝和芯柱内,不得漏放,其外露部分不得随意弯折。

③需要移动已砌好的砌块或砌块被撞动时,应重新铺浆砌筑。

④砌块用于框架填充墙时,应与框架中预埋的拉结筋连接。当填充墙砌至顶面最后一皮时,与上部结构的接触宜用实心砌块斜砌楔紧。

⑤对设计规定的洞口、管道、沟槽和预埋件等,应在砌筑时预留或预埋,严禁在砌好的墙体上打凿。在砌块墙体中不得预留水平沟槽。

⑥基础防潮层的顶面,应将污物泥土清除后,方能砌筑上面的砌体。

⑦砌体不宜设脚手架眼。如必须设置时,可用190 mm×190 mm×190 mm砌块侧砌,利用其孔洞作脚手架眼,砌体完工后用Cb20或C20混凝土填实。在墙体下列部位不得设置脚手架眼:

a.过梁上部,与过梁成60°的三角形及过梁跨度1/2范围内。

b.宽度不大于1 000 mm的窗间墙。

c.梁和梁垫下及其左右各500 mm范围内。

d. 门窗洞口两侧 200 mm 内和墙体交接处 450 mm 的范围内。

e. 设计规定不允许设脚手架眼的部位。

⑧对墙体表面的平整度、灰缝的厚度和饱满度应随时检查,校正偏差。在砌完每一楼层后,应校核墙体的轴线和标高,允许范围内的轴线及标高的偏差,可在楼板面上予以校正。

⑨砌体相邻工作段的高度差不得大于一个楼层或 4 m。

⑩伸缩缝、沉降缝、防震缝中夹杂的落灰与杂物应清除。

⑪雨季施工应有防雨措施。雨后继续施工,应复核墙体的垂直度。

⑫安装预制梁板时,必须坐浆垫平。

⑬施工时需要在砌体中设置临时施工洞口,临时洞口可预留直槎,但在补砌洞口时,应在直槎上下的小砌块洞内用强度等级不低于 Cb20 或 C20 的混凝土灌实,如图 6.4 所示。

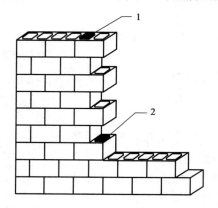

图 6.4　施工临时洞口直槎砌筑示意图
1—先砌洞口灌孔混凝土(随砌随灌);2—后砌洞口灌孔混凝土(随砌随灌)

⑭砌筑高度应根据气温、风压、墙体部位及砌块材质等不同情况分别控制。常温条件下的日砌筑高度,普通混凝土砌块控制在 1.8 m 内;轻骨料混凝土小砌块控制在 2.4 m 内。

练习作业

1. 底层室内地面或防潮层以下的砌块砌体的孔洞,应用_____的细石混凝土灌实;芯柱或孔洞中插筋应安放就位,不得遗漏。

2. 砌块墙体临时间断处应砌成斜槎,斜槎长度不应小于高度的_____(一般按一步脚手架高度控制);如留斜槎有困难,除外墙转角处及抗震设防地区,墙体临时间断处不应留直槎外,可从墙面伸出_____ mm 砌成阴阳槎,并沿墙高每____皮砌块,设拉结筋或钢筋网片。

3. 砌块在砌筑过程中应对孔错缝搭砌。当个别情况无法对孔砌筑时,普通混凝土砌块的搭接长度不应小于_____ mm,轻骨料混凝土砌块不应小于_____ mm。

4. 常温条件下的日砌筑高度,普通混凝土砌块控制在_____ m 内;轻骨料混凝土砌块控制在_____ m 内。

6.1.3 砌筑操作方法

砌块墙体的砌筑施工要求如前述,其操作方法简述如下:

①立皮数杆:在房屋四角、楼梯间四角设立皮数杆。

②弹线:对基础墙顶面及楼地面的标高、墙身边线、门窗洞口尺寸线进行测量及弹线,并按砌块排列图放出分块线。

③排砌块(撂底):根据轴线及砌块尺寸干排砌块。

④砌筑墙角或定位砌块:墙角每一皮砌块都要用 1.2 m 专用水平尺检查平整度,采用皮数杆确定每皮砌块顶部位置。

⑤挂线:以墙角砌块为标准,拉小线作为同皮砌块的水平依据。

⑥铺灰:砌筑时铺灰长度不得超过 800 mm,严禁用水冲浆灌缝。当缺少辅助规格的砌块时,墙体通缝不得超过两皮砌块。常见的铺灰方法有以下 3 种:

a.满铺法:将整个砌块水平面的壁肋及端部顶面全部铺浆,如图 6.5(a)所示;再提刀铺竖缝砂浆,如图 6.5(b)所示;然后平铺顶面砂浆,即将砌块端面朝上排列平铺砂浆,如图 6.5(d)所示;最后将砌块端面与已砌砌块端面挤紧。该法较提刀铺灰法易于操作。

b.壁铺法:在砌块壁上铺水平浆和沿端面两侧壁上抹砂浆,如图 6.5(c)所示。该法不易达到水平灰缝饱满度要求。

 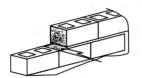 

(a)满铺砂浆   (b)提刀铺竖缝砂浆   (c)平铺顶面砂浆   (d)提刀铺顶面砂浆

图 6.5　小砌块墙铺灰法

c.满铺—壁铺法:水平灰缝采用满铺法,竖缝采用壁铺法,将前两种方法结合,铺灰效果较好。当砌块端面有凹槽时,凹槽处再灌入灰浆,将灰浆捣实,可使竖缝灰浆饱满度达到要求。

⑦砌块的砌筑方法。

a.砌块砌筑时,应对孔错缝搭砌。

b.砌块要反砌,即将壁肋厚度大的面朝上,小的面朝下,便于铺灰,且能增大上下两皮砌块的接触面积,从而提高砌体抗剪强度。

c.墙体临时间断处,应留置斜槎。

d.随砌随检查墙体的砌筑质量,保证灰缝横平竖直,墙面平整。对墙体表面的平整度和垂直度,灰缝的厚度和饱满度应随时检查,校正偏差。每砌完一楼层后,应校核墙体的轴线和标高,允许范围内的偏差可在楼板面上予以校正。

组织学生到施工现场参观砌块的砌筑,并了解砌块的排列、组砌方式和砌筑方法。

练习作业

1. 砌块的铺灰方法有 _____ 、_____ 和 _____ 3 种。

2. 砌筑时铺灰长度不得超过 _____ mm，严禁用水冲浆灌缝。

3. 砌块墙体的砌筑操作方法是什么？

6.2 混凝土芯柱的施工

问题引入

当用砌块墙砌筑墙体时，需在中小型砌块墙体转角处和交接处的砌块孔洞中浇灌混凝土，以形成上下贯通的小柱。这个上下贯通的小柱有什么作用？它有哪些构造要求？有哪些规定呢？下面我们一起去了解它。

混凝土芯柱是指在中小型砌块墙体转角处和交接处的砌块孔洞中浇灌混凝土形成上下贯通的小柱。在孔洞中不配置钢筋仅灌素混凝土时，称为素混凝土芯柱；在孔洞中插入钢筋后浇灌混凝土时，称为钢筋混凝土芯柱。

观察思考

混凝土芯柱在中小型砌块墙体中起什么作用？

6.2.1 芯柱的设置范围

1）当无抗震设防要求时芯柱的设置范围

①一般小砌块房屋宜在外墙转角、楼梯间四角、纵横墙交接处设置素混凝土芯柱。

②5 层及 5 层以上的小砌块房屋，应在上述部位设置钢筋混凝土芯柱。

2）当有抗震设防要求时芯柱的设置范围

①对有抗震设防要求的小砌块房屋，应按表 6.2 的要求设置钢筋混凝土芯柱。

②对医院、教学楼等横墙较少的房屋，应根据房屋增加一层后的层数，按表 6.2 的要求设置芯柱。

③为了提高墙体抗震受剪承载力,除按表6.2设置芯柱外,还应根据计算或构造加强措施设置其他芯柱,芯柱宜在墙体内均匀布置,最大间距不宜大于2.0 m。

表6.2　混凝土砌块房屋芯柱设置要求

房屋层数				设置部位	设置数量
6度	7度	8度	9度		
≤5	≤4	≤3		外墙四角和对应转角;楼、电梯间四角;楼梯斜梯段上下端对应的墙体处;大房间内外墙交接处;错层部位横墙与外纵墙交接处;隔12 m或单元横墙与外纵墙交接处	外墙转角,灌实3个孔;内外墙交接处,灌实4个孔;楼梯斜段上下端对应的墙体处,灌实2个孔
6	5	4	1	同上;隔开间横墙(轴线)与外纵墙交接处	
7	6	5	2	同上;各内墙(轴线)与外纵墙交接处;内纵墙与横墙(轴线)交接处和洞口两侧	外墙转角,灌实5个孔;内外墙交接处,灌实4个孔;内墙交接处,灌实4~5个孔;洞口两侧各灌实1个孔
	7	6	3	同上;横墙内芯柱间距不宜大于2 m	外墙转角,灌实7个孔;内外墙交接处,灌实5个孔;内墙交接处,灌实4~5个孔;洞口两侧各灌实1个孔

注:外墙转角、内外墙交接处、楼电梯间四角等部位,应允许采用钢筋混凝土构造柱替代部分芯柱。

6.2.2　芯柱的构造要求

①芯柱的混凝土强度等级不宜低于Cb20或C20级,采用细石混凝土浇筑。

②芯柱的截面尺寸不宜小于120 mm×120 mm。

③芯柱所用的插筋不应小于1根直径为12 mm的Ⅰ级(HPB)钢筋。

④芯柱应伸入室外地坪以下500 mm或锚入浅于500 mm的基础圈梁内。顶部应与屋盖圈梁锚固。

⑤芯柱应沿房屋全高贯通,并与各层圈梁整体现浇连接,竖向插筋不应小于1根直径为12 mm的Ⅱ级(HRB)钢筋。抗震设防烈度7度时且建筑物超过5层,抗震设防烈度8度时且建筑物超过4层和抗震设防烈度9度时,插筋不应小于1根直径为14 mm的Ⅱ级(HRB)钢筋。

⑥芯柱与墙体应可靠连接。可采用直径4 mm的钢筋焊接网片沿墙高每隔600 mm设置1道,由水平灰缝伸入芯柱内,埋入墙内长度,每边不宜小于1 000 mm,如图6.6所示。

⑦芯柱混凝土应贯通楼板,在预制盖处,不得削弱芯柱截面。当采用预制装配式钢筋混凝土楼板时,对6~8度设防的房屋,应优先采用适当设置现浇混凝土板带的方法,或采用图6.7的方式实施贯穿措施,即在预制板端头接缝处,位于圈梁上留出梯形槽,使芯柱穿过此槽,并与槽内φ8的水平钢筋绑牢,水平钢筋与预制板内外伸主筋拉结,然后在槽内灌实C20细石混凝土。

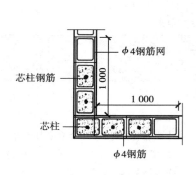

图 6.6　芯柱拉结钢筋网片设置(单位:mm)

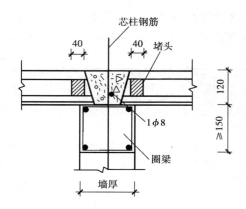

图 6.7　芯柱贯穿楼板构造(单位:mm)

⑧芯柱插筋应与基础或基础圈梁中的预埋钢筋绑扎或焊接连接。上下楼层的插筋可在楼板面上搭接,搭接长度不小于 40d(d 为插筋直径)。

对 6~8 度设防的房屋,为了提高墙体抗震能力,尚应采取下列构造措施:

①房屋内均应设置现浇钢筋混凝土圈梁,不得采用槽形小砌块作模,并按表 6.3 的要求设置。

表 6.3　现浇钢筋混凝土圈梁设置要求

墙　类	烈　度	
	6~7 度	8 度
外墙及内纵墙	屋盖处及每层楼盖处	屋盖处及每层楼盖处
内横墙	同上;屋盖处沿所有横墙,楼盖处间距不应大于 7 m;构造柱对应部位	同上;各层所有横墙

表 6.4　多层房屋总高度和层数限值

砌块墙体类别	最小墙厚/m	烈　度					
		6 度		7 度		8 度	
		高度/m	层数/层	高度/m	层数/层	高度/m	层数/层
普通混凝土小砌块	0.19	21	7	18	6	15	5
轻骨料混凝土小砌块	0.19	18	6	15	5	12	4

注:①将"设防烈度"简称"烈度",烈度为 6 度、7 度和 8 度。

②房屋总高度指室外地面到檐口高度,半地下室可从地下室室内地面算起,全地下室可从室外地面算起。

③当房屋的层高不超过 3 m,并按照规定采取加强构造措施后,层数可增加 1 层,但医院、教学楼等横墙较少的房屋不得增加。

②当按表 6.4 的规定需要增加一层房屋时,除应符合上述各条要求外,尚应按下列规定采

取加强的构造措施：

a. 在纵横墙交接处和洞口两侧均应设置钢筋混凝土芯柱,其中外墙转角处,由灌实 5 个孔增加为 7 个孔;内外墙交接处,由灌实 4 个孔增加为 5 个孔;内墙应增加灌实 2 个孔;门、窗洞口两侧各灌实 1 或 2 个孔。当为 8 度设防时,也按此要求设置芯柱,其插筋不应小于 1 根直径为 16 mm 的 II 级(HRB)钢筋。

b. 在房屋的第 1、第 2 层和顶层,6 度、7 度和 8 度时,芯柱最大净距分别不宜大于 2.0、1.6 和 1.2 m。

c. 对房屋的顶层和底层,在窗台标高处沿纵横墙应设置水平现浇钢筋混凝土带,混凝土厚度不应小于 40 mm,现浇钢筋混凝土带的钢筋不宜小于 2φ8,且应由分布钢筋拉结,混凝土强度等级不应低于 C15。

d. 轻骨料混凝土小砌块外墙的房屋,宜按上述加强措施执行。

替代芯柱的构造柱的构造要求

当小砌块房屋中用钢筋混凝土构造柱替代芯柱时,其构造柱应符合下列构造要求：

①构造柱最小截面可采用 190 mm × 190 mm,纵向钢筋宜采用 4φ12,箍筋间距不大于 250 mm,且在柱的上下端宜适当加密。设防烈度 7 度时超过 5 层,8 度时超过 4 层及 9 度时,构造柱纵向钢筋宜采用 4φ14,箍筋间距不应大于 200 mm。外墙转角处的构造柱可适当加大截面及配筋。

②构造柱与砌块墙连接处应砌成马牙槎。与构造柱相邻的砌块孔洞,6 度时宜填实,7 度时应填实,8 度时应填实并插筋。沿墙高每隔 600 mm 应设拉结钢筋网片,每边伸入墙内不宜小于 1 m。

③构造柱与圈梁连接处,构造柱的纵筋应穿过圈梁,保证构造柱纵筋上下贯通。

④构造柱可不单独设置基础,但应伸入室外地面下 500 mm,或与埋深小于 500 mm 的基础圈梁相连。

6.2.3 芯柱施工规定

1)芯柱混凝土施工工艺流程

清除芯柱孔内杂物→放芯柱钢筋→在底部开口砌块绑扎钢筋,钢筋绑扎两个点→用水冲洗芯柱→封闭底部砌块的开口→孔底浇适量素水泥浆→定量浇筑芯柱混凝土→振捣芯柱混凝土。

2)芯柱施工应遵守的规定

①芯柱部位宜采用不封底的通孔小砌块,当采用半封底小砌块时,砌筑前必须打掉孔洞毛边。

②在楼(地)面砌筑第一皮砌块时,在芯柱部位,应用开口砌块(或 U 形砌块)砌出操作孔,在操作孔侧面宜预留连通孔,必须清除芯柱孔洞内的杂物及削掉孔内凸出的砂浆,用水冲洗干

净,校正钢筋位置并绑扎或焊接固定后,方可浇灌混凝土。

③芯柱钢筋应与基础或基础梁中的预埋钢筋连接,上下楼层的钢筋可在楼板面上搭接,搭接长度不应小于40d。

④砌完一个楼层高度后,应连续浇灌芯柱混凝土。浇灌混凝土前,应先注入适量的水泥浆。每浇灌400~500 mm高度捣实1次,或边浇注边捣实,严禁灌满一个楼层后再捣实,宜采用机械捣实。混凝土塌落度不应小于70 mm。

⑤芯柱与圈梁应整体现浇,如采用槽形小砌块作圈梁模壳时,其底部必须留出芯柱通过的孔洞。

⑥楼板在芯柱部位应留缺口,保证芯柱贯通。

⑦砌筑砂浆必须达到一定强度后($f_2 \geq 1.0$ MPa)方可浇灌芯柱混凝土。

⑧芯柱混凝土的拌制、运输、浇筑、养护、质量检查等均应符合现行国家标准《混凝土结构工程施工质量验收规范》的要求。同时还应注意下列几点:

a.芯柱混凝土灌注时,应设专人检查,严格核实混凝土灌入量,认可后,方可继续施工。

b.芯柱混凝土应具有高流动性、低收缩性,强度等级应与砌块相匹配,采用强制式搅拌机拌制。原材料经试验符合规范规定的要求后,方可使用。

c.混凝土拌和前,原材料应按质量计量,允许偏差不得超过表6.5的规定。计量设备应具有法定计量部门签发的有效合格证。

表6.5　灌孔混凝土原材料计量允许偏差

原材料品种	水　泥	集　料	水	外加剂	掺和料
允许偏差/%	±2	±3	±2	±2	±2

练习作业

1.混凝土芯柱是指＿＿＿。

2.芯柱与墙体应可靠连接,可采用直径＿＿＿＿＿ mm的钢筋焊接网片沿墙高每隔＿＿＿＿＿ mm设置1道,由水平灰缝伸入芯柱内,埋入墙内长度每边不宜小于＿＿＿＿＿ mm。

3.芯柱混凝土施工工艺流程:清除芯柱孔内杂物→＿＿＿＿＿＿＿＿→在底部开口砌块绑扎钢筋,钢筋绑扎两个点→＿＿＿＿＿＿＿＿→封闭底部砌块的开口→孔底浇适量素水泥浆→＿＿＿＿＿＿＿＿→＿＿＿＿＿＿＿＿。

4.芯柱施工应遵守哪些规定?

6.3 混凝土中小型空心砌块 砌体工程质量验收规定

混凝土中小型空心砌块砌体分项工程的验收,应在检验批验收合格的基础上进行。检验批可根据施工段划分确定。

混凝土小型空心砌块砌体工程检验批验收时,其主控项目应全部符合下列规定的各项内容,一般项目应在80%及以上的抽验处符合下列规定的各项内容,或偏差值在允许偏差范围以内。

6.3.1 一般规定

适用于普通混凝土中小型空心砌块和轻骨料混凝土中小型空心砌块(以下简称"砌块")等砌体工程的施工质量验收。施工时所用砌块的产品龄期不应小于28 d,且应符合下列规定:

①砌筑砌块时,应清除表面污物和芯柱用砌块孔洞底部毛边,剔除外观质量不合格的砌块。

②施工时所用的砂浆,宜选用专用的砌块砌筑砂浆。

③底层室内地面以下或防潮层以下的砌体,应采用强度等级不低于 Cb20 或 C20 的混凝土灌实砌块的孔洞。

④砌块砌筑时,在天气干燥炎热的情况下,可提前洒水湿润砌块;对轻骨料混凝土砌块,可提前浇水湿润。砌块表面有浮水时,不得施工。

⑤承重墙体使用的砌块应完整、无破损、无裂缝。

⑥小砌块墙体应孔对孔、肋对肋错缝搭砌。单排孔小砌块的搭接长度应为块体长度的1/2;多排孔小砌块的搭接长度可适当调整,但不宜小于小砌块长度的1/3,且不应小于90 mm。墙体的个别部位不能满足上述要求时,应在灰缝中设置拉结钢筋或钢筋网片,但竖向通缝仍不得超过两皮小砌块。

⑦砌块应底面朝上反砌于墙上。

⑧小砌块墙体宜逐块坐(铺)浆砌筑,每步架墙(柱)砌筑完毕后,应随即刮平墙体灰缝。

⑨芯柱处的小砌块墙体砌筑应符合下列规定:

a. 每一楼层芯柱处第一皮砌块应采用开口小砌块。

b. 砌筑时应随砌随清除小砌块孔内的毛边,并将灰缝中挤出的砂浆刮净。

⑩芯柱混凝土宜选用专用小砌块灌孔混凝土。浇筑芯柱混凝土应符合下列规定:

a. 每次连续浇筑的高度宜为半个楼层,但不应大于1.8 m。

b. 浇筑芯柱混凝土时,砌筑砂浆强度应大于1 MPa,且应清除孔内掉落的砂浆等杂物,并用水冲淋孔壁。

c. 浇筑芯柱混凝土前,应先注入适量与芯柱混凝土成分相同的去石砂浆。

d. 每次浇筑 400~500 mm 高度振捣一次,或边浇筑边捣实。

⑪小砌块砌体的芯柱在楼盖处应贯通,不得削弱芯柱截面尺寸;芯柱混凝土不得漏灌。

6.3.2　主控项目

①砌块和砂浆的强度等级必须符合设计要求。

a. 抽检数量:每一生产厂家,每 1 万块砌块至少应抽检 1 组。用于多层以上建筑基础和底层的砌块抽检数量不应少于 2 组。

b. 砂浆试块抽检数量:每一检验批且不超过 250 m³ 砌体的各种类型及强度等级的砌筑砂浆,每台搅拌机应至少抽检 1 次。

c. 检验方法:查砌块和砂浆试块实验报告。

②砌体水平灰缝的砂浆饱满度,按净面积计算不得低于 90%,竖向灰缝饱满度不得小于 80%。竖向凹槽部位应用砌筑砂浆填实,不得出现瞎缝、透明缝。

a. 抽检数量:每检验批不应少于 3 处。

b. 抽检方法:用专用百格网检测砌块与砂浆黏结痕迹,每处检测 3 块砌块,取其平均值。

③墙体转角处和纵横墙交接处应同时砌筑。临时间断处应砌成斜槎,斜槎水平投影长度不应小于斜槎高度。施工洞口可预留直槎,但在洞口砌筑和补砌时,应在直槎上下搭砌的小砌块孔洞内用强度等级不低于 C20(或 Cb20)的混凝土灌实。

a. 抽检数量:每检验批抽查不应少于 5 处。

b. 检验方法:观察检查。

6.3.3　一般项目

①砌体的水平灰缝厚度和竖向灰缝宽度宜为 10 mm,但不应小于 8 mm,也不应大于 12 mm。

a. 抽检数量:每检验批抽查不应少于 5 处。

b. 抽检方法:水平灰缝厚度用尺量 5 皮砌块的高度折算;竖向灰缝宽度用尺量 2 m 砌体长度折算。

②砌块砌体的尺寸、位置的允许偏差应符合表 4.5 的规定。

6.3.4　混凝土中小型空心砌块砌体工程检验批质量验收记录

为统一混凝土中小型空心砌块砌体工程检验批质量验收记录格式,现列出表 6.6,供质量验收时采用。

表6.6 混凝土中小型空心砌块砌体工程检验批质量验收记录表

工程名称		分项工程名称		验收部位	
施工单位				项目经理	
施工执行标准名称及编号				专业工长	
分包单位				施工班组组长	

	质量验收规范的规定		施工单位检查评定记录								监理(建设)单位验收记录
主控项目	1. 小砌块强度等级	设计要求 MU _____									
	2. 砂浆强度等级	设计要求 M _____									
	3. 混凝土强度等级	设计要求 C _____									
	4. 转角、交接处	6.2.3 条									
	5. 斜槎留置	6.2.3 条									
	6. 施工洞口砌法	6.2.3 条									
	7. 芯柱贯通楼盖	6.2.4 条									
	8. 芯柱混凝土灌实	6.2.4 条									
	9. 水平缝饱满度/%	≥90									
	10. 竖向缝饱满度/%	≥90									
一般项目	1. 轴线位移/mm	≤10									
	2. 垂直度(每层)/mm	≤5									
	3. 水平灰缝厚度/mm	8~12									
	4. 竖向灰缝宽度/mm	8~12									
	5. 顶面标高/mm	±15 以内									
	6. 表面平整度/mm	≤5(清水)									
		≤8(混水)									
	7. 门窗洞口/mm	±10 以内									
	8. 窗口偏移/mm	≤20									
	9. 水平灰缝平直度/mm	≤7(清水)									
		≤10(混水)									

续表

施工单位检查 评定结果	项目专业质量检查员： 项目专业质量(技术)负责人： 年　月　日
监理(建设)单位 验收结论	监理工程师(建设单位项目工程师)： 年　月　日

注:本表由施工项目专业质量检查员填写,监理工程师(建设单位项目技术负责人)组织项目专业质量(技术)负责人等进行验收。

练习作业

1. 浇灌芯柱混凝土时,应遵守下列规定:砌筑砂浆强度大于_____ MPa 时,方可浇灌芯柱混凝土。

2. 砌体水平灰缝的砂浆饱满度,应按_____计算,不得低于_____ %,竖向灰缝饱满度不得小于_____ %。竖向凹槽部位应用砌筑砂浆填实,不得出现瞎缝、透明缝。

3. 墙体的水平灰缝厚度和竖向灰缝宽度宜为_____ mm,不应大于_____ mm,也不应小于_____ mm。

学习鉴定

1. 填空题

(1) 龄期不足_____ d 及_____的砌块,不得进行砌筑。

(2) 砌体灰缝应_____,全部灰缝均应铺填_____。水平灰缝的砂浆饱满度不得低于_____;竖直灰缝的砂浆饱满度不得低于_____;砌筑中不得出现_____、_____。

(3) 砌体的水平灰缝厚度和竖向灰缝宽度应控制在_____ mm;砌筑时的铺灰长度不得超过_____ mm,严禁_____。

(4) 砌块的铺灰方法有_____、_____和_____ 3 种。

(5) 5 层及 5 层以上的小砌块房屋,应在_____、_____、_____设置素混凝土芯柱。

(6) 芯柱应沿房屋_____,并与各层圈梁整体_____连接,竖向插筋不应小于_____根直径为_____ mm 的_____级钢筋。

2. 问答题

（1）砌筑中小型砌块墙体时，应遵守哪些基本规定？

（2）简述中小型砌块墙体的砌筑方法。

（3）中小型砌块排列时应遵循哪些原则？

（4）芯柱的构造要求有哪些规定？

（5）芯柱施工应遵守哪些规定？

教学评估见本书附录。

砌筑工
QIZHU GONG

7 填充墙砌体的砌筑

问题引入

当多层与高层房屋建筑采用框架结构或框架-剪力墙结构时,房屋的围护和分隔需设置填充墙。那么,什么是填充墙? 有哪些种类? 如何砌筑? 下面我们一起来学习填充墙的砌筑知识。

7.1 施工技术要求

7.1.1 施工准备

1)材料

(1)砌块

一般采用烧结空心砖、蒸压加气混凝土砌块、轻骨料混凝土小型空心砌块,其品种、强度等级、干容重等必须符合设计要求,并有出厂合格证、试验单、进场复验报告。

①蒸压加气混凝土砌块规格:长度为 600 mm;高度为 200,250,300 mm;宽度为 75,100,150,200 mm。

②梁板下斜顶专用配套砖技术性能:强度等级分 MU2.5,MU3.5,MU5.0 3 个等级;干密度分 B5.0,B6.5,B7.5 3 个级别,其技术性能必须符合技术标准的要求。

(2)水泥

水泥品种及标号应根据砌体部位及所处环境条件选择,一般宜采用 P. O. 32.5 普通硅酸盐水泥或矿渣硅酸盐水泥。

(3)砂

用中砂,配制 M5 以下砂浆,所有砂的含泥量不超过 10% ,M5 及以上砂浆的砂的含泥量不超过 5% ,使用前用 5 mm 孔径的筛子过筛。

(4)掺合料

掺合料有石灰膏、粉煤灰等。白灰熟化时间不少于 7 d。

(5)其他材料

墙体拉结筋、构造柱钢筋及预埋件等,木砖应刷防腐剂。

2)主要机具

(1)机械

塔式起重机、卷扬机及井架或施工用电梯。

(2)工具

应备有专用切割机或锯、大铲、刨锛、瓦刀、扁子、托线板、线坠、小白线、卷尺、铁水平尺、皮数杆、小水桶、灰槽、砖夹子、扫帚、铁锹、手推车等。

3) 作业条件

①填充墙体施工前,应结合砌体和砌块的特点、设计图纸要求及现场具体条件,编制施工方案,准备好施工机具,做好施工平面布置,划分施工段,安排好施工流水、工序交叉。

②办完地基、基础工程隐检手续,完成室外及房心回填土,按标高抹好水泥砂浆防潮层。

③按照设计要求留置好墙体拉结筋,绑扎好构造柱钢筋,有防水要求的房间应按防水图集的做法作好混凝土防水坎。

④弹好砌体墙身线、门窗洞口位置线,经验线符合设计图纸要求,办完验收手续。按柱、墙设计标高画好皮数杆。

⑤砂浆由实验室做好试配,准备好砂浆试模(6 块为 1 组)。

⑥搭设好操作架和卸料架。

7.1.2　砌筑技术要求

1) 操作工艺流程

墙体放线、砌块浇水→制备砂浆→砌块排列→铺砂浆→砌块就位→校正→砂浆镶砖→竖缝灌砂浆→勾缝。

2) 砌筑技术要求

(1) 墙体放线

砌体施工前,应将基础面或楼层结构面按标高找平,依据砌筑图放出第一皮砌块的轴线、砌体边线和洞口线。

(2) 砌块排列

按砌块排列图在墙体线范围内分块定尺、画线,排列砌块的方法和要求如下:

①砌块砌体在砌筑前,应根据工程设计施工图,结合砌块的品种、规格,绘制砌体砌块的排列图,并标明墙体拉结筋、构造柱的布置,经审核无误,按图排列砌块。

②砌块排列应从地基或基础面、±0.00 面排列,排列时应尽可能地采用主规格的砌块,砌体中主规格砌块应占总量的 75% ~ 80%。

③砌块排列应上下错缝搭砌,搭砌长度一般为砌块的 1/2,不得小于砌块高的 1/3,且不应小于 150 mm。如果搭砌长度满足不了规定要求,应采用压砌钢筋网片的措施,具体构造按设计规定。

④外墙转角及纵横墙交接处,应将砌块分皮咬槎,交错搭砌,如果不能咬槎时,按设计要求采用其他构造措施;砌体垂直缝与门窗洞口边线应避开通缝,且不得采用砖镶砌。

⑤砌体水平灰缝厚一般为 10 mm,如果加钢筋网片,水平灰缝厚度为 20 ~ 25 mm,垂直灰缝宽度为 10 mm。大于 30 mm 的垂直缝,应用 C20 的细石混凝土灌实。

⑥砌块排列应尽量不镶砖或少镶砖,必须镶砖时,应用整砖平砌且尽量分散,镶砌砖应用专用锯砖工具切割,不准用灰刀砍。

⑦砌块与结构构件位置有矛盾时,应先满足构件布置。

（3）制配砂浆

按设计要求的砂浆品种、强度制配砂浆，配合比应由实验室确定，采用质量比，计量精度水泥为±2%，砂、灰膏控制在±5%以内，应采用机械搅拌，搅拌时间不少于1.5 min。

（4）铺砂浆

将搅拌好的砂浆，通过吊斗、灰车运至砌筑地点。用大铲、灰勺进行分块铺灰，铺灰长度不得超过1 500 mm。

（5）砌块就位与校正

砌块砌筑前一天应进行浇水湿润，冲去浮尘，清除砌块表面的杂物后方可吊、运。砌筑就位应先远后近、先下后上、先外后内。每层开始时，应从转角处或定位砌块处开始，应吊砌一皮、校正一皮，皮皮拉线控制砌体标高和墙面平整度。

砌块安装时，起吊砌块应避免偏心，使砌块底面能水平下落。就位时由人手扶控制，对准位置，缓慢下落，用小撬棒微撬，托线板挂直，直到稳定、平正为止。

（6）砌筑镶砖

用专用切割工具切割镶砖，使用无横裂砖，顶砖镶砌。

（7）竖缝灌砂浆

每砌一皮砌块，即用砂浆灌填垂直缝，并随后进行勒缝（原浆勾缝），深度一般为3 ~ 5 mm。

活动建议

组织学生到施工现场参观填充墙砌体的砌筑，并了解它们的组砌方式和砌筑方法。

练习作业

1. 蒸压加气混凝土砌块强度等级分为_____、_____、_____ 3个等级。

2. 填充墙砌体工程的操作工艺流程：墙体放线、砌块浇水→_____→_____→_____→ 砌块就位→校正→_____→_____→勾缝。

3. 砌块砌筑时，应上下错缝搭砌，搭砌长度一般为砌块的_____，不得小于砌块高的_____，且不应小于_____ mm，如果搭砌长度满足不了规定要求，应采用压砌_____的措施，具体构造按设计规定。

4. 砌体水平灰缝厚一般为_____ mm，如果加钢筋网片，水平灰缝厚度为_____ mm，垂直灰缝宽度为_____ mm。大于_____ mm 的垂直缝，应用_____的细石混凝土灌实。

7.2 空心砖砌体的砌筑

空心砖砌体是用烧结空心砖与水泥混合砂浆砌筑而成的。

7.2.1 砌筑形式

①空心砖的砖孔方向应符合设计要求。当设计无具体要求时一般将砖孔置于水平位置,如有特殊要求时,砖孔也可以是垂直方向。

②空心砖墙应采用全顺侧砌,上下皮竖缝相互错开 1/2 砖长,如图 7.1 所示。

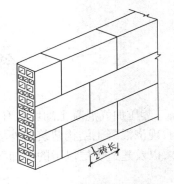

图 7.1　空心砖砌筑形式

7.2.2 砌筑技术要求

空心砖砌体应符合以下砌筑技术要求:

①空心砖墙砌筑前,应在砌筑位置上弹出墙边线,然后按边线逐皮砌筑,一道墙可以先砌两头的砖,再拉准线砌中间部分。第一皮砌筑时应先试摆。

②砌空心砖应采用刮浆法。砖端头应先抹砂浆再砌筑。当孔洞呈垂直方向,水平铺砂浆时,应用套板盖住孔洞,以免砂浆掉入孔洞内。

③灰缝应横平竖直。水平灰缝和竖向灰缝宽度应控制在 10 mm 左右,但不应小于 8 mm,也不应大于 12 mm。

④灰缝砂浆应饱满。水平灰缝的砂浆饱满度不得低于 80%,竖向灰缝不得出现透明缝和瞎缝。

⑤空心砖墙中不够整砖部分的,宜用无齿锯加工成非整砖块,不得用砍凿方法将砖打断。补砖时应使灰缝砂浆饱满。

⑥管线槽留置时,可采用弹线定位后用凿子仔细凿槽或用开槽机开槽,不得采用斩砖预留槽的方法。

⑦空心砖墙应同步砌筑,不得留斜槎。每天砌筑高度不应超过 1.8 m。

⑧空心砖墙底部至少应砌 3 皮普通砖,在门窗洞口两侧一砖的范围内,也应砌普通砖。

练习作业

1.空心砖砌体是用_____而成的。

2.空心砖墙应采用_____侧砌,上下皮竖缝相互错开_____砖长。

3.空心砖墙灰缝应横平竖直。水平灰缝和竖向灰缝宽度应控制在_____ mm 左右,但不应小于_____ mm,也不应大于_____ mm。

4.空心砖墙底部至少应砌_____皮普通砖,在门窗洞口两侧_____砖的范围内,也应砌普通砖。每天砌筑高度不应超过_____ mm。

7.3 蒸压加气混凝土砌块的砌筑

蒸压加气混凝土砌块具有质轻、保温、防火、可锯、可刨、易加工等特点,主要用于框架结构、现浇混凝土结构建筑的外填充墙、内隔断墙,也可用于多层建筑的外墙或保温隔热复合墙体,以及建造 3 层以下的全加气混凝土砌块砌体建筑。

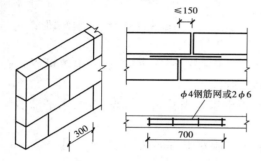

图 7.2 加气混凝土墙砌筑形式(单位:mm)

7.3.1 砌筑形式

①加气混凝土砌块的一般规格尺寸为 600 mm × 200 mm、600 mm × 250 mm、600 mm × 300 mm。

②砌块墙的立面砌筑形式只有全顺一种。

③砌筑时,上下皮竖缝应相互错开,搭接长度不小于砌块长度的 1/3,如不满足时,应在水平灰缝中设置 $2\phi6$ 钢筋或 $\phi4$ 钢筋网片,加筋长度不小于 700 mm,如图 7.2 所示。

7.3.2 砌筑技术要求

①工艺流程:基层处理→砌筑加气混凝土砌块→砌块与门窗口连接→砌块与楼板连接。

②基层处理:将砌筑加气混凝土砌块墙体的混凝土梁、柱的表面清扫干净,用砂浆找平、拉线,用水平尺检查其平整度。

③为了减少施工现场切锯工作量,便于备料,砌筑前应进行砌块的排列设计。

④根据排列图、砌块尺寸及灰缝厚度制作皮数杆,并立于墙的两端,在两相对皮数杆的同皮标志处之间拉准线,在砌筑位置放出墙身边线。

⑤砌筑前,应对砌块外观质量进行检查,尽可能用主规格的标准砌块,少用辅助规格和异形砌块,禁止用断裂砌块。

⑥砌筑前,应清除砌块表面污物,并应适量洒水湿润,含水率一般不超过 15%。

⑦在加气混凝土砌块墙底部,应用烧结普通砖或烧结多孔砖砌筑,也可用普通混凝土小型空心砌块或混凝土坎台砌筑。其高度不宜小于 200 mm。

⑧不同干密度和强度等级的加气混凝土砌块不应混砌,加气混凝土砌块也不得与其他砖、砌块混砌。但在墙底、墙顶及门窗洞口处局部采用普通黏土砖和多孔砖砌筑不视为混砌。

⑨灰缝应横平竖直,砂浆饱满。水平灰缝厚度不得大于 15 mm;竖向灰缝宜用内外临时夹板夹住后灌缝,其宽度不得大于 20 mm。

⑩墙的转角处,纵横墙应隔皮相互搭砌。砌块墙的 T 形交接处,应使横墙砌块隔皮端面露头,如图 7.3 所示。

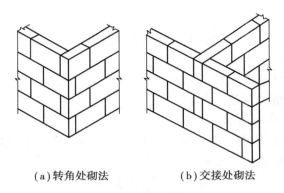

（a）转角处砌法　　　　（b）交接处砌法

图 7.3　加气混凝土砌块墙转角处和交接处砌法

⑪砌到接近上层梁、板底时,宜用烧结普通砖斜砌挤紧,砖倾斜度为 60°左右,砂浆应饱满。

⑫墙体洞口上部应放置 2 根直径为 6 mm 的钢筋,伸过洞口两边的长度,每边不应小于 500 mm。

⑬砌块墙与承重墙或柱交接处,应在承重墙或柱的水平灰缝内预埋拉结钢筋,拉结钢筋沿墙或柱高每 1 m 左右设 1 道,每道为 2 根直径 6 mm 的钢筋(带弯钩),伸出墙或柱面长度不小于 700 mm。砌筑砌块时,将拉结钢筋伸出部分埋置在砌块墙的水平灰缝中,如图 7.4 所示。

⑭加气混凝土砌块墙上不得留脚手架眼。

⑮切锯砌块应使用专业工具,不得用斧或瓦刀任意砍劈。

⑯加气混凝土砌块墙每天砌筑高度不宜超过 1.8 m。

⑰墙上孔洞需要堵塞时,应使用经过切锯的异形砌块

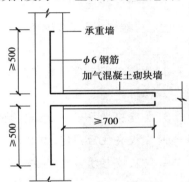

图 7.4　加气混凝土砌块墙与承重墙的拉结(单位:mm)

或加气混凝土砌块补修,或用砂浆填堵,不得用其他材料堵塞。

⑱砌筑时,应在每一块砌块全长铺满砂浆。铺浆薄厚应均匀,砂浆面应平整。铺浆后立即放置砌块,要求对准皮数杆,一次摆正找平,保证灰缝厚度。如铺浆后没有立即放置砌块,将使砂浆凝固,应铲去砂浆,重新铺浆砌筑。竖缝可用挡板堵缝法填满、捣实、刮平,也可采用其他填缝法。每皮砌块均应拉水准线。灰缝应横平竖直,严禁用水冲浆灌缝,随砌随将灰缝勾成 0.5～0.8 mm 的凹缝。

⑲浇筑圈梁时,应清理基面,扫除灰渣,浇水湿润,圈梁外侧的保温块应同时湿润,然后浇注。

⑳钢筋混凝土预制窗台板应在砌筑时先安装好,不应在立框后再塞放窗台板。

㉑设计无规定时,不得有集中荷载直接作用在加气混凝土墙上,否则应设置梁垫或采取其他措施。

㉒现浇混凝土养护时,不能长时间连续浇水,避免砌块长时间受水浸泡。

㉓穿越墙体的水管,要严防渗漏。穿墙、附墙或埋入墙内的铁件应做防腐处理。

㉔砌块墙体宜采用黏性良好的专用砂浆砌筑,也可用混合砂浆砌筑,砂浆的最低强度不宜低于 M5。有抗震及热工要求的地区,应根据设计选用砌筑砂浆;在寒冷和严寒地区的外墙应采用保温砂浆,不得用混合砂浆。砌筑砂浆必须搅拌均匀,随搅拌随用,砂浆的稠度以

70～100 mm为宜。

㉕加气混凝土砌块,如无有效措施,不得在以下部位使用:

a. 建筑物的±0.000以下部位。

b. 长期浸水或经常受干湿交替的部位。

c. 受酸碱化学物质侵蚀的部位。

d. 制品表面湿度高于80%的部位。

㉖加气混凝土外墙墙面水平方向的凹凸部分,如线脚、雨罩、出檐、窗台等,应做泛水或滴水,以免积水。墙表面应做饰面保护层。

练习作业

1. 加气混凝土砌块墙砌筑时,上下皮竖缝应相互错开,搭接长度不小于砌块长度的_____,如不满足时,应在水平灰缝中设置_____钢筋或_____钢筋网片,加筋长度不小于_____mm。

2. 加气混凝土砌块施工工艺流程:基层处理→_____→_____→砌块与楼板连接。

3. 灰缝应横平竖直,砂浆饱满。水平灰缝厚度不得大于_____mm。竖向灰缝宜用内外临时夹板夹住后灌缝,其宽度不得大于_____mm。

4. 砌块墙与承重墙或柱交接处,应在承重墙或柱的水平灰缝内预埋拉结钢筋,拉结钢筋沿墙或柱高每_____m左右设1道,每道为_____根直径_____mm的钢筋(带弯钩),伸出墙或柱面长度不小于_____mm。

5. 如无有效措施,加气混凝土砌块不得用在什么部位?

7.4　轻骨料混凝土小型空心砌块的砌筑

轻骨料混凝土小型空心砌块是以浮石、火山渣、煤渣、自然煤矸石、陶粒为粗骨料制作而成的混凝土小型空心砌块,具有轻质、高强、保温隔热性能好、抗震性能好等特点,在填充墙中应用较为广泛。

1)砌筑形式

轻骨料混凝土小型空心砌块的主规格为390 mm×190 mm×190 mm,常用全顺砌筑形式,墙厚等于砌块宽度。轻骨料混凝土小型空心砌块填充墙砌筑时应错缝搭砌,搭砌长度不应小于90 mm,竖向通缝不应大于2皮,如不能保证时,应在水平缝中设置2根直径为6 mm的拉结筋或直径为 4 mm 的钢筋网片,如图 7.5 所示。

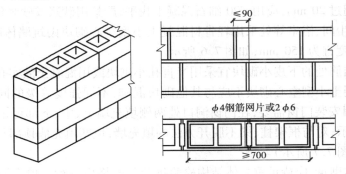

图 7.5 轻骨料混凝土小型空心砌块墙的砌筑形式(单位:mm)

2)砌筑技术要求

(1)技术准备

①砌筑前,应认真熟悉及审核施工图纸,核实轴线位置、门窗洞口尺寸、圈梁、构造柱、过梁位置及标高,明确预埋、预留位置,熟悉相关构造及材料要求。

②清理干净楼地面基层水泥浮浆及施工垃圾,根据砌块规格、房屋设计图计算砌块皮数,绘制小砌块平、立面排列图,标明主砌块、辅助砌块、特殊砌块、预留门窗洞口的位置及拉结筋设置部位。

③准备好经过校验合格的检测测量工具。

④对施工作业人员进行技术、质量、安全、环境交底。

⑤做好砌筑砂浆配合比试验,采用预拌砂浆时制订落实采购计划。

(2)材料准备

①进入现场的轻骨料混凝土小型空心砌块的品种、规格、强度等级必须符合设计要求和产品合格证。

②轻骨料混凝土小型空心砌块的产品龄期不应小于 28 d。

③吸水率较小的轻骨料混凝土小型空心砌块,砌筑前不应对其浇(喷)水湿润;在气候干燥炎热的情况下宜在砌筑前喷水湿润。

④吸水率较大的轻骨料混凝土小型空心砌块应提前 1~2 d 浇(喷)水湿润,保持其相对含水率为 40% ~50%。

⑤砌筑水泥应复验并合格。

⑥宜采用过筛中砂,含泥量不应超过 5%。

(3)施工机具准备

①准备好砂浆搅拌机和垂直运输设备。

②主要工具准备:瓦刀、夹具、手锯、小推车、灰斗、铁铲、小撬棍、小木槌、线锤、皮数杆等。

(4)技术要求

①根据施工图纸放出标高控制线,排出窗台、窗顶标高,预排出砌块皮数线,并标明拉结筋、圈梁、过梁、墙梁标高及尺寸。

②每层第一皮砖的标高应拉通线检查,并用实心砖砌筑 3～5 皮高,如图 7.8 所示;如第一皮水平灰缝厚度超过 20 mm,应用 C20 细石混凝土找平,严禁用砂浆或砂浆包碎砖找平。

③在厨房、卫生间、浴室等处采用轻骨料混凝土小型空心砌块砌筑墙体时,墙底部宜现浇混凝土坎台,其高度宜为 150 mm,如图 7.6 所示。

④填充墙拉结筋处的下皮小砌块宜采用半盲孔小砌块或用混凝土灌实孔洞的小砌块。

⑤轻骨料混凝土小型空心砌块不应与其他砌块混砌,不同强度等级的同类块体也不得混砌(注:窗台处和因安装门窗需要,在门窗洞口处两侧填充墙上、中、下部可采用其他块体局部嵌砌,如图 7.6 所示;对与框架柱、梁不脱开方法的填充墙,填塞填充墙顶部与梁之间的缝隙可采用其他块体,如图 7.7 所示)。

⑥填充墙砌体砌筑,应待承重主体结构检验批验收合格后进行。填充墙与承重主体结构间的空(缝)隙部位施工,应在填充墙砌筑 14 d 后进行,如图 7.7 所示。

⑦填充墙砌体净高 >4.0 m 时,应在砌体中设置拉梁;墙长大于层高 2 倍或墙长 >5.0 m 时应设置构造柱;墙体的交接处、转角处、封口处等也要有构造柱,如图 7.8 所示。

图 7.6　填充墙门洞砌筑

图 7.7　填充墙与承重结构间空隙砌筑

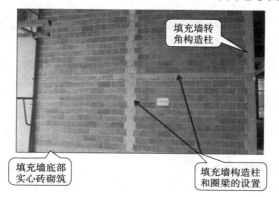

图 7.8　填充墙构造柱、圈梁的设置

7.5 填充墙砌体工程质量验收规定

7.5.1 一般规定

①适用于房屋建筑中采用烧结空心砖、蒸压加气混凝土砌块、轻骨料混凝土小型空心砌块等砌筑填充墙砌体的施工质量验收。

②蒸压加气混凝土砌块、轻骨料混凝土小型空心砌块砌筑时,其产品龄期应超过 28 d。

③烧结空心砖、蒸压加气混凝土砌块、轻骨料混凝土小型空心砌块等在运输、装卸过程中,严禁抛掷和倾倒。进场后应按品种、规格分别堆放整齐,堆置高度不宜超过 2 m。蒸压加气混凝土砌块应防止雨淋。

④填充墙砌体砌筑前块材应提前 2 d 浇水湿润。蒸压加气混凝土砌块砌筑时,应向砌筑面适量浇水。

⑤在厨房、卫生间、浴室等处采用轻骨料混凝土小型空心砌块、蒸压加气混凝土砌块砌筑墙体时,墙底部宜现浇混凝土坎台,其高度宜为 150 mm。

⑥填充墙拉结筋处的下皮小砌块宜采用半盲孔小砌块或用混凝土灌实孔洞的小砌块;薄灰砌筑法施工蒸压加气混凝土砌块砌体,拉结筋应放置在砌块上表面设置的沟槽内。

⑦蒸压加气混凝土砌块、轻骨料混凝土小型空心砌块不应与其他块体混砌,不同强度等级的同类块体也不得混砌。

⑧填充墙砌体砌筑,应待承重主体结构检验批验收合格后进行。填充墙与承重主体结构间的空(缝)隙部位施工,应在填充墙砌筑 14 d 后进行。

7.5.2 主控项目和一般项目

1) 主控项目

①烧结空心砖、小砌块和砌筑砂浆的强度等级应符合设计要求。

抽检数量:烧结空心砖每 10 万块为一检验批,小砌块每 1 万块为一检验批,不足上述数量时按一批计,抽检数量为 1 组。砂浆按每一检验批且不超过 250 m³ 砌体的各类、各强度等级的普通砌筑砂浆,每台搅拌机应至少抽样一次。检验批的预拌砂浆、蒸压加气混凝土砌块专用砂浆,抽样可为 3 组。

检验方法:查砖、小砌块进场复验报告和砂浆试块试验报告。

②填充墙砌体应与主体结构可靠连接,其连接构造应符合设计要求,未经设计同意,不得随意改变连接构造方法。每一填充墙与柱的拉结筋的位置超过一皮块体高度的数量不得多于 1 处。

抽检数量:每检验批抽查不应少于 5 处。

检验方法:观察检查。

③填充墙与承重墙、柱、梁的连接钢筋,当采用化学植筋的连接方式时,应进行实体检测。锚固钢筋拉拔试验的轴向受拉破坏承载力值应为 6.0 kN。抽检钢筋在检验值作用下应基材裂纹、钢筋无滑移宏观裂损现象;持荷 2 min 期间荷载值降低不大于 5%。检验批验收可按《砌体结构工程施工质量验收规范》(GB 50203—2011)表 B.0.1 通过正常检验一次、二次抽样判断。填充墙砌体植筋锚固力检测记录可按规范表 7.1 填写。

　　抽样数量:按表 7.2 确定。

　　检验方法:原位试验检查。

表 7.1　填充墙砌体植筋锚固力检测记录

共　页　第　页

工程名称		分项工程名称		植筋日期	
施工单位		项目经理			
分包单位		施工班组组长		检测日期	
检测执行标准及编号					
试件编号	实测荷载 /kN	检测部位		检测结果	
		轴线	层	完好	不符合要求情况
监理(建设)单位 验收结论					
备注	1.植筋埋置深度(设计):　　　 mm; 2.设备型号:　　　; 3.基材混凝土设计强度等级为(C　　); 4.锚固钢筋拉拔承载力检验值:6.0 kN。				

复核:　　　　　　　　检测:　　　　　　　　记录:

表 7.2 填充墙检验批抽检锚固钢筋样本最小容量

检验批的容量/根	样本最小容量/根	检验批的容量/根	样本最小容量/根
≤90	5	281～500	20
91～150	8	501～1 200	32
151～280	13	1 201～3 200	50

2)一般项目

①填充墙砌体尺寸、位置的允许偏差及检验方法应符合表 7.3 的规定。

抽检数量:每检验批抽查不应少于 5 处。

表 7.3 填充墙砌体尺寸、位置的允许偏差及检验方法

项次	项目		允许偏差/mm	检验方法
1	轴线位移		10	用尺检查
2	垂直度（每层）	≤3 m	5	用 2 m 托线板或吊线、尺检查
		>3 m	10	
3	表面平整度		8	用 2 m 靠尺和楔形尺检查
4	门窗洞口高、宽（后塞口）		±10	用尺检查
5	外墙上、下窗口偏移		20	用经纬仪或吊线检查

②填充墙砌体砂浆饱满度及检验方法应符合表 7.4 的规定。

抽检数量:每检验批抽查不应少于 5 处。

表 7.4 填充墙砌体砂浆饱满度及检验方法

砌体分类	灰缝	饱满度及要求	检验方法
空心砖砌体	水平	≥80%	采用百格网检查块体底面或侧面砂浆的黏结痕迹面积
	垂直	填满砂浆,不得有透明缝、瞎缝、假缝	
蒸压加气混凝土砌块和轻骨料混凝土小型空心砌块砌体	水平	≥80%	
	垂直	≥80%	

③填充墙留置的拉结钢筋或网片的位置应与块体皮数相符合。拉结钢筋或网片应置于灰缝中,埋置长度应符合设计要求,竖向位置偏差不应超过一皮高度。

抽检数量:每检验批抽查不应少于 5 处。

检验方法:观察和用尺量检查。

④填充墙砌筑时应错缝搭砌,蒸压加气混凝土砌块搭砌长度不应小于砌块长度的 1/3;轻骨料混凝土小型空心砌块搭砌长度不应小于 90 mm;竖向通缝不应大于 2 皮。

抽查数量：每检验批抽查不应少于5处。

检验方法：观察检查。

⑤填充墙的水平灰缝厚度和竖向灰缝宽度应正确。烧结空心砖、轻骨料混凝土小型空心砌块的砌体灰缝应为8~12 mm；蒸压加气混凝土砌块砌体当采用水泥砂浆、水泥混合砂浆或蒸压加气混凝土砌块砌筑砂浆时，水平灰缝宽度不应超过15 mm；当蒸压加气混凝土砌块砌体采用蒸压加气混凝土砌块黏结砂浆时，水平灰缝厚度和竖向灰缝宽度宜为3~4 mm。

抽查数量：每检验批抽查不应少于5处。

检验方法：水平灰缝厚度用尺量5皮小砌块的高度折算；竖向灰缝宽度用尺量2 m砌体长度折算。

7.5.3　成品保护和应注意的质量问题

1）成品保护

①先装门窗框时，在砌筑过程中应对所立之框进行保护；后装门窗框时，应注意固定框的埋件是否牢固，不可损坏，也不可松动。

②砌体上的设备槽孔以预留为主，因漏埋或未预留时，应采取措施，以避免剔凿时损坏砌体的完整性。

③砌筑施工应及时清除落地砂浆。

④拆除施工架子时，注意保护墙体及门窗边角。

2）应注意的质量问题

（1）砌体黏结不牢

原因是砌块浇水、清理不好，砌块砌筑时一次铺砂浆的面积过大，校正不及时。因此，砌块在砌筑使用的前一天，应充分浇水湿润，随吊运随将砌块表面清理干净，砌块就位后应及时校正，紧跟着用砂浆（或细石混凝土）灌竖缝。

（2）第一皮砌块底砂浆厚度不均匀

原因是基底未事先用细石混凝土找平，必然造成砌筑时灰缝厚度不一。故应注意砌筑基底找平。

（3）拉结钢筋或压砌钢筋网片不符合设计要求

应按设计和规范的规定，设置拉结带和拉结钢筋及压砌钢筋网片。

（4）砌体偏差超规定

控制每皮砌块高度不准确。砌筑时应严格按标识杆高度控制，掌握铺灰厚度。

7.5.4　填充墙砌体工程检验批质量验收记录

为统一填充墙砌体工程检验批质量验收记录格式，现列出表7.5供质量验收采用。

表7.5 填充墙砌体工程检验批质量验收记录表

工程名称			分项工程名称		验收部位	
施工单位					项目经理	
施工执行标准名称及编号					专业工长	
分包单位					施工班组组长	

	质量验收规范的规定			施工单位检查评定记录								监理(建设)单位验收记录
主控项目	1.块体强度等级		设计要求 MU									
	2.砂浆强度等级		设计要求 M									
	3.与主体结构连接		9.2.2 条									
	4.植筋实体检测		9.2.3 条	见填充墙砌体植筋锚固力检测记录								
一般项目	1.轴线位移		≤10 mm									
	2.墙面垂直度（每层）	≤3 mm	≤5 mm									
		>3 mm	≤10 mm									
	3.表面平整度		≤8 mm									
	4.门窗洞口		±10 mm									
	5.窗口偏移		≤20 mm									
	6.水平缝砂浆饱满度		9.3.2 条									
	7.竖缝砂浆饱满度		9.3.2 条									
	8.拉结筋、网片位置		9.3.3 条									
	9.拉结筋、网片埋置长度		9.3.3 条									
	10.搭砌长度		9.3.4 条									
	11.灰缝厚度		9.3.5 条									
	12.灰缝宽度		9.3.5 条									
施工单位检查评定结果		项目专业质量检查员： 项目专业质量(技术)负责人： 年 月 日										
监理(建设)单位验收结论		监理工程师(建设单位项目工程师)： 年 月 日										

注:本表由施工项目专业质量检查员填写,监理工程师(建设单位项目技术负责人)组织项目专业质量(技术)负责人等进行验收。

1. 蒸压加气混凝土砌块、轻骨料混凝土小型空心砌块砌筑时,其产品龄期应超过_____ d。

2. 填充墙砌至接近梁、板底时,应留一定空隙,待填充墙砌筑完并应至少间隔_____ d后,再将其补砌挤紧。

填充墙砌体的砌筑

1. 目的

掌握填充墙砌体的砌筑方法。

2. 要求

进行摆砖撂底、铺灰、砌砖、灌缝、刮灰。

3. 时间

4 小时。

4. 内容

用石灰砂浆砌筑填充墙,每 4 人为一组,其中 2 人砌筑,2 人供料。

5. 操作评分

填充墙砌筑评分表,见表 7.6。

表 7.6　填充墙砌筑评分表

项　目	满分/分	评分标准	得分/分
水平灰缝砂浆饱满度	12	1 组 3 块平均 80% 以上得满分,达不到 80% 不得分	
外形尺寸	8	第 1 皮砖外形尺寸与图比较,测 4 点,允许偏差 ±5 mm	
墙面垂直度	20	测 8 个点,允许偏差 5 mm	
墙面平整度	10	测 4 个点,允许偏差 5 mm	
墙面游丁走缝	10	测 4 个点,允许偏差 20 mm	
水平灰缝厚度	10	测 4 个点,允许偏差 ±8 mm	
墙面清洁度	10	墙面清洁、干净	
工　效	10	按时完成不扣分;到时只完成 4/5 以上扣 4 分;未达到 4/5 不得分	
安　全	5	无安全事故	
综合印象	5	观感较好,砌筑手法正确	
总　计	100		

学习鉴定

1. 填空题

（1）填充墙砌体工程的操作工艺流程：墙体放线、砌体浇水→_____→_____→_____→砌块就位→校正→_____→竖缝灌砂浆→勾缝。

（2）砌体水平灰缝厚一般为_____mm，如果加钢筋网片，水平灰缝厚度为_____mm，垂直灰缝宽度为_____mm。

（3）竖缝灌砂浆，深度一般为_____mm。

（4）空心砖墙应采用_____法，上下皮竖缝相互错开_____砖长。

（5）空心砖墙应_____砌筑，不得留_____，每天砌筑高度不应超过_____m。

（6）空心砖墙底部应至少砌_____皮普通砖。

（7）蒸压加气混凝土砌块砌筑时，上下皮竖缝应相互错开，搭接长度不小于砌块长度的_____，如不满足时，应在水平灰缝中设置_____钢筋或_____钢筋网片，加筋长度不小于_____mm。

（8）加气混凝土砌块的施工工艺：基层处理→_____→_____→_____→_____。

（9）墙体洞口上部应放置_____根直径_____mm 的钢筋，伸过洞口两边的长度，每边不应小于_____mm。

（10）粉煤灰砌块砌筑用砂浆为_____。

2. 问答题

（1）简述填充墙砌体的砌筑技术要求。

（2）填充墙砌体在砌筑过程中应注意哪些质量问题？

教学评估

教学评估见本书附录。

8 砌筑工程的冬雨期施工

本章内容简介

冬雨期施工准备

砌筑工程的冬雨期施工

本章教学目标

掌握砌筑工程的冬雨期施工方法

熟悉砌体冬雨期施工的质量验收规定

房屋建造属露天作业,受自然环境条件的影响较大,那么在冬期、雨期施工时,我们又要注意哪些问题?采取什么办法施工才能保证工程质量呢?下面来学习砌筑工程的冬雨期施工。

8.1 冬雨期施工准备

8.1.1 冬期施工准备

1)什么是砌体工程冬期施工

按照《砌体结构工程施工质量验收规范》(GB 50203—2011)规定,当室外的日平均气温连续5 d稳定低于5 ℃时,或当日最低气温低于0 ℃时进行砌体施工则称为砌体工程冬期施工。

2)技术要求

①制订冬季施工方案,组织有关人员学习冬季施工措施,在施工程序上要掌握先阴后阳、先上后下、先外后内的原则。施工前应按照施工项目进行技术交底,做到人人重视,心中有数。

②入冬前及整个冬季施工阶段要有专人收集、整理气象记录以及实测室外最低温度。

③指定专人负责配制砂浆、掺和附加剂,专人负责生火、测温、保温、沉降观察等工作,并事先进行技术安全培训。

3)材料及工具准备

除常规施工的准备工作外,还要根据工程大小,准备大锅1~3口、盛水大桶3只、鼓风机1或2台、炒盘铁板2~4套、温度计5~10支、比重计等工具以及食盐、氯化钙、燃料等。砌体工程量较大的工程,一定要尽量用锅炉来供蒸汽热砂子,供热水拌制砂浆。不具备上述条件的,应提前砌好临时炉灶、火坑、烟囱等,以供热砂、浇热水或进行室内加温之用。

冬季施工由于需动火,所以应制订必要的防火措施,并准备好必要的防火设备。

4)保温措施

搅拌砂浆应搭设暖棚,对淋灰池、纸筋或麻刀灰须准备好必要的供暖设备。砂子要堆放在向阳处,尽量堆高并加以覆盖。

不通行的外门或窗户,应尽量用塑料布临时封闭或安上玻璃,并加强保护,以防打碎。门窗缝隙和住室透风的脚手眼要堵严。

所有进出过道门口、垂直运输井架和进楼的施工洞口要挂厚塑料或棉絮帘等挡风。

室外临时水管应埋在冰冻线以下,如果浅埋,应对水管、气管做好在结冻前的保温维护工作,保证施工中能正常供水、供气。

8.1.2　雨期施工的准备

雨期施工应做好如下防范措施：

①该阶段要用的砖或砌块,应堆放在地势高的地点,并在材料面上平铺2或3皮砖作为防雨层,有条件的可覆盖芦席等,以减少雨水的浸入。

②砂子应堆放在地势高处,周围易于排水。宜用中砂拌制砂浆,稠度值要小些,以适应多雨天气的砌筑。

③适当减少水平灰缝的厚度,皮数杆画灰缝厚度时以控制在8～9 mm为宜,减薄灰缝厚度可以减小砌体总的压缩下沉量。

④运输砂浆时要防雨,必要时可以在车上临时加盖防雨材料,砂浆要随拌随用,避免大量堆积。

⑤收工时应在墙顶部盖1层干砖,防止大雨把刚砌好的砌体中的砂浆冲掉。

⑥每天砌筑高度应加以控制,一般要求不超过2 m。

⑦雨期施工时,应对脚手架经常检查,防止下沉,对道路等应采取措施,确保安全生产。

雨期施工时,雨水不仅使砖的含水率增大,而且使砂浆稠度值增加并易产生离析。

用多水的材料进行砌筑,会发生砌体中的块体滑移,甚至引起墙身倾倒。饱和的水也会使砖和砂浆的黏结力减弱,影响墙体的整体性。

小组讨论

请学生分组讨论雨期施工对工程质量有哪些影响?

练习作业

1. 按照《砌体结构工程施工质量验收规范》(GB 50203—2011)规定,当室外的日平均气温连续_____d低于_____℃,或当日最低气温低于_____℃,砌体砌筑时应采取冬期施工措施。

2. 雨期施工每天砌筑高度一般要求不超过_____m。

8.2　砌筑工程的冬雨期施工

8.2.1　冬期施工技术规定

①冬期施工所用材料应符合下列规定:

a.砌筑前,应清除块材表面污物和冰霜,遇水浸冻后的砖或砌块不得使用。

b.石灰膏应防止受冻,当遇冻结,应经融化后方可使用。

c.拌制砂浆所用砂,不得含有冰块和直径大于 10 mm 的冻结块。

d.砂浆宜采用普通硅酸盐水泥拌制,冬期砌筑不得使用无水泥拌制的砂浆。

e.拌和砂浆宜采用两步投料法,水的温度不得超过 80 ℃,砂的温度不得超过 40 ℃,砂浆稠度宜较常温适当增大。

f.砌筑时砂浆温度不应低于 5 ℃。

g.砌筑砂浆试块的留置,除应按常温规定要求外,尚应增设一组与砌体同条件养护的试块。

②冬期施工过程中,施工记录除应按常规要求外,尚应包括室外温度、暖棚气温、砌筑砂浆温度及外加剂掺量。

③不得使用已冻结的砂浆,严禁用热水掺入冻结砂浆内重新搅拌使用,且不宜在砌筑时的砂浆内掺水。

④当混凝土小砌块冬期施工砌筑砂浆强度等级低于 M10 时,其砂浆强度等级应比常温施工提高一级。

⑤冬期施工搅拌砂浆的时间应比常温期增加 0.5～1.0 倍,并应采取有效措施减少砂浆在搅拌、运输、存放过程中的热量损失。

⑥砌筑工程冬期施工用砂浆应选用外加剂法。

⑦砌体施工时,应将各种材料按类别堆放,并应进行覆盖。

⑧冬期施工过程中,对块材的浇水湿润应符合下列规定:

a.烧结普通砖、烧结多孔砖、蒸压灰砂砖、蒸压粉煤灰砖、烧结空心砖、吸水率较大的轻骨料混凝土小型空心砌块在气温高于 0 ℃ 条件下砌筑时,应浇水湿润,且应即时砌筑;在气温不高于 0 ℃ 条件下砌筑时,不应浇水湿润,但应增大砂浆稠度。

b.普通混凝土小型空心砌块、混凝土多孔砖、混凝土实心砖及采用薄灰砌筑法的蒸压加气混凝土砌块施工时,不应对其浇水湿润。

c.抗震设防烈度为 9 度的建筑物,当烧结普通砖、烧结多孔砖、蒸压粉煤灰砖、烧结空心砖无法浇水湿润时,若无特殊措施,不得砌筑。

⑨冬期施工的砖砌体应采用"三一"砌筑法施工。

⑩冬期施工中,每日砌筑高度不宜超过 1.2 m,砌筑后应在砌体表面覆盖保温材料,砌体表面不得留有砂浆。在继续砌筑前,应清理干净砌筑表面的杂物,然后再施工。

8.2.2 外加剂法

①冬期砌筑采用外加剂法配制砂浆时,可使用氯盐或亚硝酸钠等外加剂。氯盐应以氯化钠为主,砂浆中掺入氯盐主要是降低拌和砂浆中水的冰点,使砂浆在低温时水不会结冰,使水泥在硬化中能吸收水,及早硬化产生强度。当气温低于 -15 ℃ 时,也可与氯化钙混合使用。氯盐掺量应按表 8.1 选用。

表 8.1　氯盐外加剂掺量

氯盐及砌体材料种类		日最低气温/℃			
		≥ −10	−11 ~ −15	−16 ~ −20	−21 ~ −25
氯化钠(单盐)/%	砖、砌块	3	5	7	—
	石材	4	7	10	—
(复盐)/%	氯化钠	—	—	5	7
	氯化钙	—	—	2	3

注:氯盐以无水盐计,掺量为占拌和水质量百分比。

②当最低气温不高于 −15 ℃时,采用外加剂法砌筑承重砌体,其砂浆强度等级应按常温施工时的规定提高一级。

③在氯盐砂浆中掺加砂浆增塑剂时,应先加氯盐溶液后再加砂浆增塑剂。

④外加剂溶液应由专人配制,并应先配制成规定浓度溶液置于专用容器中,然后再按规定加入搅拌机中拌制成所需砂浆。

砂浆中氯盐掺量应严格按设计要求控制。砂浆中氯盐掺量过少防冻效果不佳,多余的水分会结冻,达不到氯盐砂浆法的预期效果;掺量太多,砂浆后期强度会显著下降,析盐现象严重,从而降低砌体的保温性能。

⑤采用氯盐砂浆时,应对砌体中配置的钢筋及钢预埋件进行防腐处理。

水泥砂浆在硬化过程中,由于水化反应的不断进行,生成 $Ca(OH)_2$ 而呈碱性,pH = 12.5 ~ 14。埋在呈高碱性砂浆中的钢筋表面能形成薄而稳定的钝化膜 Fe_2O_3,从而防止腐蚀。采用氯盐砂浆后,氯离子将破坏钢筋表面钝化膜,形成不均匀的表面和介质环境,因此,不同区域就有不同的电位,从而易产生电化学锈蚀过程。为了阻止砌体中的钢筋和铁件的锈蚀,故要求采用防腐措施处理。

⑥砌体采用氯盐砂浆施工时,每日砌筑高度不宜超过 1.2 m,墙体留置的洞口距交接墙处不应小于 500 mm。

⑦下列砌体工程,不得采用氯盐的砂浆:

a. 可能影响装饰效果的建筑物。

b. 使用湿度大于 80% 的建筑物。

c. 配筋、铁埋件无可靠的防腐处理措施的砌体。

d. 接近高压电线的建筑物。

e. 经常处于地下水位变化范围内,而又无防水措施的砌体。

f. 经常受 40 ℃ 以上高温影响的建筑物。

g. 热工要求高的工程。

⑧砖与砂浆的温度差值砌筑时宜控制在 20 ℃ 以内,且不应超过 30 ℃。

8.2.3　暖棚法

①地下工程、基础工程以及建筑面积不大又急需砌筑使用的砌体结构应采用暖棚法施工。

②当采用暖棚法施工时,块体和砂浆在砌筑时的温度不应低于5℃。距离所砌结构底面0.5 m处的棚内温度也不低于5℃。

③在暖棚内的砌体养护时间,应符合表8.2的规定。

表8.2　暖棚法砌体的养护时间

暖棚内温度/℃	5	10	15	20
养护时间不少于/d	6	5	4	3

④采用暖棚法施工,搭设的暖棚应牢固、整齐。宜在背风面设置一个出入口,并应采取保温避风措施。当需设两个出入口时,两个出入口不应对齐。

8.2.4　雨期施工

①雨期施工应结合本地区特点,编制专项雨期施工方案,防雨应急材料应准备充足,并对操作人员进行技术交底,施工现场应做好排水措施,砌筑材料应防止雨水冲淋。

②雨期施工应符合下列规定:

a. 露天作业遇大雨时应停工,对已砌筑砌体应及时进行覆盖;雨后继续施工时,应检查已完工砌体的垂直度和标高。

b. 应加强原材料的存放和保护,不得久存受潮。

c. 应加强雨期施工期间的砌体稳定性检查。

d. 砌筑砂浆的拌和量不宜过多,拌好的砂浆应防止雨淋。

e. 电气装置及机械设备应有防雨设施。

③雨期施工时应防止基槽灌水和雨水冲刷砂浆,每天砌筑高度不宜超过1.2 m。

④当块材表面存在水渍或明水时,不得用于砌筑。

⑤夹心复合墙每日砌筑工作结束后,墙体上口应采用防雨布遮盖。

练习作业

1.冬期施工砌筑砂浆宜优先选用_____水泥拌制。冬期砌筑不得使用_____拌制的砂浆。

2.冬期施工要通过施工方法的限制来提高砌体的施工质量,以保证砌体的最终强度。根据各地的多年经验,"_____"砌砖法和"_____"砌砖法对提高砌体的质量有好处。

3.砌筑工程的冬期施工应优先选用_____法。对绝缘、装饰等有特殊要求的工程,可采用_____和其他方法。

4.混凝土小型空心砌块不得采用_____法施工。加气混凝土砌块承重墙体及围护外墙不宜_____施工。

5. 氯盐砂浆砌体施工时,每日砌筑高度不宜超过_____m,墙体留置的洞口,距交接墙处不应小于_____mm。

6. 掺有氯盐的砂浆不得在哪种情况下采用?

8.2.5　冬期施工的砌体工程质量验收规定

冬期施工的砌体工程质量验收应符合下列各项规定:

①当室外日平均气温连续5 d稳定低于5 ℃时,砌体工程应采取冬期施工措施。

a. 气温应根据当地气象资料确定。

b. 除冬期施工期限以外,当日最低气温低于0 ℃时,也应按冬期施工的规定执行。

②冬期施工的砌体工程质量验收除应符合本规定各条要求外,尚应符合本书前面各章节有关砌体工程施工质量验收规定的要求及《建筑工程冬期施工规程》(JGJ/T 104—2011)的规定。

③砌体工程冬期施工应有完整的冬期施工方案。

④冬期施工所用材料应符合下列规定:

a. 石灰膏、电石膏等应防止受冻,如遭冻结,应经融化后使用。

b. 拌制砂浆用砂,不得含有冰冻块和大于10 mm的冻结块。

c. 砌筑用砖或其他块材不得遭水浸冻。

⑤冬期施工砂浆试块的留置,除应按常温规定要求外,尚应增加1组与砌体同条件养护的试块,用于检验转入常温28 d的强度。如有特殊需要,可另外增加相应龄期的同条件养护的试块。

⑥地基土有冻胀性时,应在未冻的地基上砌筑,并应防止在施工期间和回填土前地基受冻。

⑦烧结普通砖、烧结多孔砖、蒸压灰砂砖、蒸压粉煤灰砖、烧结空心砖、吸水率较大的轻骨料混凝土小型空心砌块在气温高于0 ℃条件下砌筑时,应浇水湿润;在气温低于或等于0 ℃条件下砌筑时,可不浇水,但必须增大砂浆稠度。普通混凝土小型空心砌块、混凝土多孔砖、混凝土实心砖及采用薄灰砌筑法的蒸压加气混凝土砌块施工时,不应对其浇(喷)水湿润。抗震设防烈度为9度的建筑物,当烧结普通砖、烧结多孔砖、蒸压粉煤灰砖、烧结空心砖无法浇水湿润时,如无特殊措施,不得砌筑。

⑧拌和砂浆时水的温度不得超过80 ℃,砂的温度不得超过40 ℃。

⑨采用砂浆外加剂法、暖棚法施工时,砂浆使用温度不应低于5 ℃。

⑩采用暖棚法施工,块体在砌筑时的温度不应低于5 ℃,距离所砌的结构底面0.5 m处的棚内温度也不应低于5 ℃。

⑪砌体在暖棚内的养护时间,应根据暖棚内温度,按表8.2确定。

⑫采用外加剂法配制的砂浆,当设计无要求且最低气温等于或低于－15 ℃时,砂浆强度等级应较常温施工提高一级。

⑬配筋砌体不得采用掺氯盐的砂浆施工。

练习作业

1. 冬期施工砂浆试块的留置,除应按常温规定要求外,尚应增加_____组与砌体同条件养护的试块,以测试检验_____d强度。

2. 采用暖棚法施工,块材在砌筑时的温度不应低于_____℃,距离所砌的结构底面_____mm处的棚内温度也不应低于_____℃。

3. 拌和砂浆宜采用_____投料法。水的温度不得超过_____℃,砂的温度不得超过_____℃。

4. 配筋砌体不得采用_____法施工。

阅读理解

砌筑工程的雨期、夏季施工要求

1)雨期施工的要求

雨水季节对砌体施工影响很大。砖块由于含水量大而在墙上产生浮滑,水平灰缝和竖缝内的砂浆因雨水淋刷而流空,墙体将产生变形,清水墙面也会被雨水淋脏,因此,一般雨天停止对墙体施工。如果为了完成施工任务,在采取一些相应的措施后,可以在大雨后或小雨时进行施工。

①砖要集中堆放,并用塑料薄膜、竹席等覆盖。对少量湿砖,可以和干砖混合使用。

②搅拌砂浆用砂,宜用中粗砂,因为中粗砂拌制的砂浆收缩变形小。另外,要减少砂浆用水量,防止砂浆离析。

③适当缩小砌体的水平灰缝,可减少砌体的压缩变形。其水平灰缝宜控制在8 mm左右。

④砂浆在储存和运输过程中,为避免淋雨,应覆盖起来,砌墙铺砂浆时,不宜铺得太长,以免雨水冲淋。每天的砌筑高度宜控制在1.2 m以内。

⑤根据雨季长短及工程实际情况,可搭活动防雨棚,随砌筑位置变动而搬动。

⑥收工时在墙上盖1层砖,并用草帘加以覆盖,以免雨水将砂浆冲掉。

⑦工作场地、运输道路以及脚手板应采取适当的防滑措施,确保安全。

2)高温期间和台风季节的施工要求

在夏季高温、干燥、多风的气候条件下砌筑,常会遇到两种情况:一是铺在墙上的砂浆,很快就变成干硬状态;二是刚砌筑的砖墙灰缝中,砂浆毫无黏结力,一碰即掉。这两种情况都叫作砂浆脱水。造成脱水的主要原因是砖与砂浆中的水分,在干热的气温下急剧蒸发,砂浆中的水泥还没有很好的"水化"就失水,无法产生强度,这将会严重影响砌体的质量。因此,在夏季施工时应注意以下事项:

①夏季施工时,砌筑用的砖要充分浇水湿润。

②及时调整砂浆级配,提高砂浆的保水性、和易性。

③砂浆随拌随用,不要一次拌得过多。

④每天完成可砌高度,待砂浆初凝后,应在墙面上浇水养护,补充被蒸发掉的水,使砂浆中的水泥得到充分的"水化"反应,以确保其强度。

练习作业

1.雨期施工时,搅拌砂浆用砂,宜用_____砂,因为_____拌制的砂浆收缩变形小。另外,要_____砂浆用水量,防止砂浆离析。

2.每天的砌筑高度宜控制在_____m以内。

3.在夏季高温、干燥、多风的气候条件下砌筑,常会遇到两种情况:一是_____;二是_____,这两种情况都叫作砂浆脱水。

学习鉴定

1.填空题

(1)按照《砌体结构工程施工质量验收规范》(GB 50203—2011)的规定,当室外日平均气温连续_____d低于_____℃时,或当日最低气温低于_____℃时进行的砌筑施工称为砌体工程冬期施工。

(2)冬期施工时,砂浆宜优先选用_____水泥拌制,不得使用_____拌制的砂浆。

(3)冬期施工在负温条件下砌筑,砖_____浇水湿润,但砂浆稠度比常温时应增大_____mm,但不宜超过_____mm。

(4)冬期施工的砖砌体,应按"_____"砖砌法,灰缝不应大于_____mm。

(5)砌筑工程的冬期施工应优先选用_____法。对绝缘、装饰等有特殊要求的工程,可采用_____和其他方法。混凝土小型空心砌块不得采用_____法施工。

2.问答题

(1)雨期施工应做好哪些防范措施?

(2)哪些砌体工程,不得采用掺氯盐砂浆?

（3）冬期施工的砌体工程质量验收应符合哪些规定？

（4）造成砂浆脱水的主要原因是什么？

（5）夏季施工时应注意哪些问题？

教学评估

教学评估见本书附录。

附 录

教学评估表

班级:_____ 课题名称:_____ 日期:_____ 姓名:_____

1. 本调查问卷主要用于对新课题的调查,可以自愿选择署名或匿名方式填写问卷。
根据自己的情况在相应的栏目打"✓"。

评估项目	评估等级				
	非常赞成	赞成	无可奉告	不赞成	非常不赞成
1. 我对本课题学习很感兴趣					
2. 教师组织得很好,有准备并讲述得清楚					
3. 教师运用了各种不同的教学方法来帮助我学习					
4. 本课题学习能够帮助我获得能力					
5. 有视听材料,包括实物、图片、视频等,它们帮助我更好地理解教材内容					
6. 教师教学经验丰富					
7. 教师乐于助人、平易近人					
8. 教师能够为学生营造合适的学习气氛					
9. 我完全理解并掌握了所学知识和技能					
10. 授课方式适合我的学习风格					
11. 我喜欢这门课中的各种学习活动					
12. 学习活动能够有效地帮助我学习该课题					
13. 我有机会参与学习活动					
14. 每个活动结束都有归纳与总结					
15. 教材编排版式新颖,有利于我学习					
16. 教材使用的语言、文字通俗易懂,有对专业词汇的解释,利于我自学					
17. 教学内容难易程度合适,符合我的需求					
18. 教材为我完成学习任务提供了足够信息					
19. 教材提供的练习活动使我技能增强了					
20. 我对胜任今后的工作更有信心					